刘媛媛 著

逆流而上

刘媛媛的成长课

I AM
NOT
AFRAID

湖南文艺出版社
HUNAN LITERATURE AND ART PUBLISHING HOUSE

博集天卷
CS·BOOKY

I AM NOT AFRAID

逆流而上：刘媛媛的成长课

任何靠自己就能做到的事情，
都不能叫作难事。

不逼着自己跟命运死磕到底，
不逼着自己跟这残酷的世界讨个说法，
你就永远不知道自己到底有多强大。

逆流而上：刘媛媛的成长课

我有一大把去努力的理由，
却找不出任何一个理由不努力。

I AM NOT AFRAID

逆流而上：刘媛媛的成长课

不耽于遥远的理想，
也不陷于卑微的现实。

I AM NOT AFRAID

逆流而上：刘媛媛的成长课

Contents

目录

Chapter
One

第一章

我不惧怕成为这样
"强硬" 的姑娘

敢争取也敢放弃，耐得住苦也耐得住寂寞，不理会打量的目光和讥笑，也不害怕与人为敌。

Chapter
Two

第二章
要和比你努力的人
在一起

知道自己能够像变态一样忍耐和努力，就算是摔在烂泥里也能
爬起来，就算是走到山穷水尽之处也还是能走下去。

Chapter
Three

第三章

我的美貌
只有自己知道

一直有事做，一生自在活，当回首自己的人生，有那么一两段
故事可以说。够了。

Chapter
Four

第四章

看我如何对付
这操蛋的生活

错了就承认，对了就坚持，被人感激坦然接受，被人误会据理力争，不亏欠，不讨好，从内到外，一片浩然。

过去做不到的事，不代表将来做不到。

只要你还没死，你就有机会提高自己的能力。

你可以否定此刻的自己，但不能否定的是，每个人都有变强的可能。

有人聪明，有人漂亮，有人家境好，这些是他们的优势。

但是你的努力，你的坚持，你的勇敢，也不可小觑。

我们生活的这个时代，好多人说阶层固化，但实际上又存在那么多的缝隙。

愿你我，都能成为逆流而上的鱼。

作，是她的人生常态

媛媛特逗，她让我写这篇文章，我说行，但条件是不能催我，必要时只能温柔提醒。她就每隔两三天给我发个微信，言简意赅三个字：你懂的。

媛媛显得比我大学毕业时笃定多了，好像一切都搞得定的样子。想必她也惴惴不安，但你反正看不出一个年轻北漂在大城市生存扎根的张皇失措和辛苦。在"巨无霸"的生活面前，她弱小却异乎寻常地淡定。不过，她到底是个二十多岁的女孩。每次有事微信找我，她的开场白一定只有一个字：姐。语音声调表情已然活灵活现，就是小孩向大人要零用钱提要求的样子。

她的举止做派并不超越她的年纪，所以不老气横秋。她的锐气纯朴和初出茅庐才有的那丝宝贵的傻气也仍然完好无损。

只是，在和生活的磨合碰撞中，还能保存多久呢？

我和媛媛的微信聊天中，百分之九十是八卦吐槽，有关爱情啊未来啊等的种种宏大叙事也都以吐槽方式进行，我只是轻描淡写地提醒过她，不要作。

我知道，对媛媛这样有实力的潜力股来说，作，将是她的人生常态，于是，不作，就成了制衡自己的必需。

　　她够聪明，应该能懂。

　　至少，她的身心都貌似足够结实，但愿禁得起生活的折腾。

愿你我，都能成为
逆流而上的鱼

这本书的再版，提醒我时间又过去了三年。

记得打算要写这本书的时候，鲁豫姐跟我说："你现在写的文字，以后看到可能会有点羞愧，因为人在不停地长大、变化。"

那时候我就在想，多年以后看到自己写的这本书，是什么感觉？

这种感觉：

要更努力，不能辜负过去的自己。

前几天收拾旧物，翻出来十几年前的一封信。

十五岁时，我是个热血的高中生，成绩差，不服输，凭着横冲直撞的勇气，"凶残"地学习了一个多月，把成绩从年级末尾提到了年级第十二名，为的就是考上北大。

学校组织上一届优秀学长学姐的讲座，其中有一位是全市文科状元，女孩子，很漂亮，在北大已经读大一了。讲座听得不过瘾，结束之后，我厚着

IV

脸皮追上去，问她要联系方式，她给了我。后来，我给她写信，她居然还耐心地回信。

在信中她告诉我，我和她很像。我们成绩排名一样，性格同样内向，同样倔强。

看到那些字迹，仍然能想起当时的心情。

激动难耐的我，捧着那封信反复阅读，在内心一遍遍地确认：我是与众不同的，我是可以完成梦想的，孤独和艰苦都打不倒我。

我真的挺努力的，努力的原因，不只是为了将来。

而是，你已经走了这么远的路，为何要现在返回？

以前的你，都懂得为了将来的自己而努力，现在的你，又有什么资格放弃？

十四年过去了，那个与我通信的学姐，现在已经不知去向。

我快三十岁了，我好像变了，从外貌到性格，从心境到处境，都变了。

读高一的时候，我歪歪扭扭地在日记本上写，希望自己在三十岁之前：

第一，考上北京大学。

第二，能够出国留学。

第三，能拥有一家属于自己的公司。

回首自己的前三十年，十几岁时的梦想，几乎全部都实现了。

北京大学考上了。

读研一的时候，已经拿到了出国交换的名额，但是由于参加《超级演说家》的比赛，最终没有去。

公司也在做了，28 岁的时候，还有幸登上了福布斯中国 30 Under 30（30 位 30 岁以下）的精英榜单。

过去对我很难的事情：

好比准备出国的时候，老师叫我们填申请表格，我一边填，一边想，可能又要面临一次开口要钱的艰难，到了国外一定要努力打工。

好比大学期间做保险销售，去高档小区里拜访客户，感叹自己什么时候能在北京拥有一个这样的房子。

这些事，现在对我来说唾手可得。

写这本书的时候，我刚毕业，带着上学期间攒的钱，轰轰烈烈地扎进创业大军。

本科学经济，研究生学法律，还有着一个演讲冠军的名号，但初入社会，依然到处碰壁。

据说，新公司头两年的倒闭率高达 70%。

好在三年过去了，我们活下来了，并且越来越好。

感激逆境、年龄给我的一切，现在的我已经越发成熟稳定。

也感谢自己身上，那些不变的东西。

不管拥有了什么，我还是常处于一无所有的心态。

所有拥有，皆可失去，所以我对失败没有任何恐惧。

寒门到底能否出头？

难。

但是咬牙走过来，就觉得也没有那么难。

有人聪明，有人漂亮，有人家境好，这些是他们的优势。

但是你的努力，你的坚持，你的勇敢，也不可小觑。

我们生活的这个时代，好多人说阶层固化，但实际上又存在那么多的缝隙。

愿你我，都能成为逆流而上的鱼。

各位读者，我的初衷依然没有变，希望你在本书当中，读出一点信心。

第一章

Chapter

One

我不惧怕成为这样
"强硬"的姑娘

▼
▼

敢争取也敢放弃，耐得住苦也耐得住寂寞，不理
会打量的目光和讥笑，也不害怕与人为敌。

我算不上优秀，只是足够主动

▼
▼

> 人生中从来没有什么是必然如此或者必须如此的，
> 无论是想要爱，还是前程，都不要等，
> 要去找，去追，去咬定青山不放松。

很多人都问过我，怎么想到去参加《超级演说家》呢？怎么才能参加这个节目呢？

报名参加《超级演说家》的时候我刚考上研究生，每天乘坐地铁跨越半个城市去实习公司上班，炎炎夏日的某个无聊的下午，坐在办公室里百无聊赖地发出一封 E-mail 后，顺手翻看微博，安徽卫视的官方微博上弹出一条《超级演说家》招募选手的信息。

点击，进入，了解到这个节目不需要唱歌，不需要跳舞，只要会说话就可以。如果赢得了大赛就可以获得一百万奖金。

我就跟朋友 Z 说："我要去参加这个。"

朋友问我："你有没有参加过演讲比赛？"

我点点头："参加过。"

她说："什么时候？"

我说："班里选班委的时候。"

她面无表情地接着问我："那你觉得自己在语言表达上有天赋吗？"

我不敢说有。

有一次我在食堂排队吃饭的时候，被一对情侣指责插队，整个过程中我在言语上被"男女双打"虐了一遍，中间一句话也没插上。

被气得头昏脑涨的我最后强迫自己镇定下来，对着两张像机关枪一样不断喷射的嘴，义正词严地吼了一声："谁插队，谁今晚就会死。"

然后我就抱着饭盒冲出了食堂。

这种情形在我的生命中发生过 n+1 次，我是个连男生都吵不过的人，经常在吵架时被人堵得一句话也说不出来，晚上睡觉前才想出来要怎么回呛。

没有演讲比赛的经历，并且不认为自己在语言表达上有什么特长，但还是去参加了比赛。

为什么？

我判断是否做一件事情的逻辑简单又粗暴。

我想，做这件事情最差的结果就是，我第一轮就被淘汰了，那时候可能会有人说，一个北大法学院的高才生口才那么烂多么丢脸之类的话，但是我根本就不怕。

对一个自尊自爱的人来说，脸面是自己给自己的，是取之不尽用之不竭的。

即使被淘汰了，不过是回到以前的生活，什么都没有被改变，何况还多了一种人生体验。无论是成功的兴奋还是失败的教训，无论是认识的朋友还是遭遇的敌人，这些都是无形的收获。

这是一个稳赚不赔的买卖，为什么不去？

最坏的结果我能接受，付出的代价我给得起，为什么不去？

按照官方微博的说明，节目报名方法是：拍摄一条自己演讲的视频，发送到报名邮箱。

我找室友帮我录制了一段演讲视频，连同简历发送到报名邮箱里，没有人理我。

又发一遍，还是没人理。

朋友Z说："你把自己的照片撤下来，搞不好就行了。"

我不理她。

我就开始琢磨，拍个什么样的视频会让导演觉得无论我是否适合，都想见我一面？

只要能见到，机会就更大了。

别提什么"北大"才女了，北大每年毕业生无数，凭什么是我？北大这两个字是不好用的。

当我为了报名视频苦恼的时候，看到了著名脱口秀人黄西转发的微博，发现北京有这么一群讲脱口秀的人，每周有那么几天会聚集在酒吧里说脱口秀，观众只需要点一杯酒水就可以听一晚上的笑话。最令人兴奋的就是这个组织在周二和周四接受"开放麦"的报名，如果你觉得自己会讲笑话，就可以报名来讲，如果讲得好，可以常来，要求必须是原创。

我想，如果是一个很会说脱口秀的北大女学生，会不会有点特别？

不如去酒吧讲脱口秀，然后录下来，发给节目组。

朋友Z面无表情地问我："你'脱'过吗？"

我说："没有。"

去酒吧给很多人讲笑话是出于一种很鲁莽的信心，想着要玩就玩得大一点，自己录一段干巴巴的视频没意思，去酒吧讲，有麦克风还有观众，有笑声，有掌声。

这对我来说不是一件容易的事，过去的人生中除了学习还不错，我没有表现出任何文艺天赋，何况讲笑话并不是唱歌跳舞，它需要观众及时地回应，而不只是谢幕掌声。如果我讲了大家不笑，那我就要哭了。

为此我做了精心的准备，我把自己过去这二十多年能想到的好玩的事情都搜罗出来，跟二哥借了摄像机，找了寝室好友陪我去，帮我录像。

下午上完课就六点了，七点要赶到后海那边的一个酒吧。我和我的小伙伴几乎是一路狂奔去的。

到达之后气还没喘匀就到我了，负责人问我："你准备好了吗？准备好了你就直接上。"

我说："我词没有完全背下来。"

他说："嗯，那就是准备好了，下一个就是你。"

我紧张得手上冒了一层一层的汗，忽冷忽热的，但是我装作若无其事的样子。

我这人最大的本事就是装作若无其事。

我深呼吸，想象坐在台下的都是我的朋友，我的亲人，拿起酒杯抿了一口啤酒的那位就是我高中隔壁班上的小明，坐在第一排的年轻小情侣多像我的前男友和他的现任女友啊，都是熟人，刘媛媛你不要怕。

把全部的笑话讲完之后，我写在手心的提示词都被汗水弄糊了。

所幸效果还不错，该有掌声的地方处处有掌声。这段表演结束之后我一直称自己是"脱界皇后"，因为每次表演就我一个女的。

这段视频发送到《超级演说家》的报名邮箱之后，居然还是没人理我！

我暗暗想，**这世界上任何一件事都打不败坚持，世事最怕认真二**

字，我再发一遍！导演看我这么努力，一定会被感动的。

过了很久还是没人理我。

后来经人点拨我才知道，把视频放在附件里别人下载起来太麻烦，不如直接发个链接。

你看，人们常说要坚持，要认真，并不是让你坚持做错事，做无用的事，坚持和认真，如果没有"方法"和"思考"，就会让我们沉浸在自己的世界里，成为一个把自己都感动到的勤奋的失败者。

我也不确定是不是由于放链接容易被打开，但是之后确实有节目编导联系我了。

联系上之后，他表示要跟我见一面。

我又苦思冥想，怎么样能给他留下特别的印象，让他觉得一定要给我机会呢？我总不能坐下来喝杯茶跟编导说："我有一个梦想，请你一定让我上电视吧。"

又是恰巧，我看到学院在招聘新年晚会的主持人。

不要问了，我从来没有当过什么主持人，在过去的人生当中，我做得最好的事情就是学习和考试。

但我还是报名了，我暗自谋划，等应聘上主持人之后，就叫《超级演说家》的编导过来看晚会，这样可以给他造成"我是一个在舞台上很活跃的文艺分子"的错觉。

结果我居然真的应聘成功了，因为当面试我的学长问我"你为什么觉得自己适合做晚会主持人"的时候，我说："学长，我脱口秀说得特别好。"甚至有视频为证。

再后来，看过晚会的编导答应给我一个上电视的机会了。

我想，要是我看到选手招聘启事的时候没有主动去报名，或者我在没有收到回复后自动放弃，又或者我全程都只是在听天由命被动地等，大约就没有后来的好事情了吧。

我并不算多么优秀，只是足够主动罢了。

有人说，是你的就是你的，强求不来的。还有人说，你若盛开，清风自来。

不知道是成长环境造成的，还是性格的原因，我从不认为什么是应得的。

在十多岁的时候，我曾听过这样一个名人故事：铁凝冒雨见冰心，冰心问铁凝有没有男朋友，铁凝说，还没找呢。冰心就对铁凝说，你不要找，你要等。

那时候我就想，爱情怎么能等来呢？除非你真的特别好看。

到现在我周围还有一些单身的姑娘，她们并非热爱独身，而是始终没有遇到合适的人相爱。

她们总跟自己说，不将就，继续等。

其实啊，很多姑娘单身都是被动造成的，工作忙，每天在办公室里跟小王、老李打交道，不是已婚就是娷男，剩下一个还不错可是已经有了女朋友，加完班回到家里倒头就睡，这样是不可能遇见爱情的，就算等到五十岁也没有用。

缘分还没到，自己去追。

机会还没来，跳起来抢。

别说什么顺其自然，一切现在还配不上的好东西，都是要强求的。

要知道，即便是同样有才华的人，利用才华的方式不同，最终走上的路与获得的自我实现也会相差甚远。好比都是漂亮女生，有人利用颜值去应聘了公司前台，有人利用颜值去当了网络主播，也有人利用颜值去当了空姐。

没有人会为我们的才华安排最好的出路。

愿每一个人都像我一样悲观，不相信任何好运。

而是在头顶悬挂一个小雷达，"嘟嘟嘟嘟"四处搜寻着机会前进。

人生中从来没有什么是必然如此或者必须如此的，无论是想要爱，还是前程，都不要等，要去找，去追，去咬定青山不放松。

你要活在梦想之中，还是平凡的现实里？

▼
▼

> 经常问问自己，你还可以怎么样？
> 这是更加有力和强劲的生活方式。

　　夏日的夜晚，杜发一段文字给我："也不知道哪儿来的自信，整天不好好学习、无所事事的，但总感觉自己有一天会赚大钱，而且这种感觉异常强烈。"

　　接着是她一段兴奋的语音："我就经常有这种感觉！你有没有？"

　　彼时我在北京郊区一所中学居住和学习，暑期的夜晚，校园里看起来总是空无一人。从南门到主楼之间是一条笔直宽广的大道，道两旁的路灯反照着一棵棵高大的白杨树，走过去，左拐，右拐，再左拐就是我的住处，这一路有路灯相伴，四下是无边的寂静和黑暗。

　　白天我在这边的教室学习英语，晚上就游荡在这个大而且空的校园里，看月亮，想事情，心情就像回到了十三四岁时一样，总是莫名其妙地忧伤。

　　我并没有觉得自己可以不好好学习、无所事事就能有一天赚大钱。

其实长大呢，就是一个现实逐步发生，幻想空间减少的过程。

上学时杜"刷"过很多言情小说，在上百本小说中挑喜欢的人。她最想嫁的人是《曾有一个人，爱我如生命》里的孙嘉遇，浓情浪子一个，后来看到《沥川往事》里温柔的王沥川，她又毫不犹豫地移情别恋。

那时候我们可以去想象跟任何一个喜欢的人度过余生，哪怕这个人是明星，是小说人物，都不妨碍我们去憧憬。

而等到二十八九岁，就要开始考虑从周遭踏实可靠的人里选择一个作为伴侣，就是这个人，不是孙嘉遇，也不是王沥川，对于未来恋人这件事，不必再幻想。

杜在今年年底也要嫁人了，对象是一位公务员，跟她曾经幻想过的那些偶像相比是个普通人，在普通人里是个蛮优秀的人。杜说，正因为看到他没有那么多幻想，所以才觉得安心。

这所中学的操场围栏上挂着一排学生照片，下面的字是优秀学生、标兵嘉奖之类的说明，白天的课间我就围绕着操场走，一张张看这些照片，看这些没有被岁月欺负踩躏过的脸。女孩子们露出牙齿开怀大笑，或者抿着嘴唇腼腆微笑，甚至有些面孔紧绷还没来得及笑出来，都是青春可爱的。

操场的主席台下画着几条线，写着某年级某班，估计是为做广播体操分配领地。可以想象上千名中学生在这里跳跃伸展时生机勃勃的场面，但如果有镜头给特写，里面肯定有许多表情是不耐烦。

我也曾是其中那不耐烦的一张脸，不耐烦漫长的成长过程。

那时候可以幻想的很多，去哪个城市，上哪所学校，将来从事什么行业。

还没发生就是不确定，不确定就是有很多可能的意思。

在我们的英语课上，十多岁的少年，目光灼灼，上课用英语回答外教老师的问题。以后想当建筑师，就考清华土木工程系；想要经商创业，就必须考北京大学光华管理学院。

直到某一天接到一纸录取通知书，好，从此对上什么大学这件事就失去了幻想资格。

总体来说，越往前追溯，我们可以幻想的事情越多，小时候更是可以天马行空地想，想当科学家，想当厨师，连想当水兵月这种想法都敢有。随着岁月渐长，大学、职业、恋人，一一落定，幻想类似海水一样退去，露出我们脚下那块小小岛屿，这是我们必须终生站立和战斗的现实之地。

在这个过程中，有许多梦想被不知不觉地遗失，然后我们不知不觉地投身在全部现实里。

我将之称为"梦遗"的过程。

曾经让你充满想象的事情，如今有几项已经变成平凡的现实了？

想要去的城市，跟最终去的城市，是同一个吗？

喜欢的人，跟最终结婚的人，是同一个吗？

曾以为的自己，跟现在的自己，是同一个吗？

如今的你，是活在梦想之中，还是平凡的现实里？

年少时认识的那些女孩，那些拥有自己独特气场的不驯服的女孩，她们在学校想要一个好分数；她们在床头上贴字条说一个月要看十本书；她们想去爱心机构当志愿者；她们脸上明晃晃写着"我想要跟你们不一样"，以及"我知道自己怎么做会更好"。

在后来的漫长岁月里，她们的气场消散，拿着一份马马虎虎的收入，忍耐着重复的生活，不清楚未来要往哪里走，在忧虑房子、户口、婚姻中，逐渐失去少女的神性，变成"平凡"的人类。

其实平凡也不是多么难忍受的事情，人来到这个世界上，没有追求也不会死，吃喝拉撒睡玩，走亲戚养孩子上个班，维持生存的诸多杂事再加点享受，本身就足以填满如梭的岁月。

如一首歌的歌词所说，傍晚六点下班，换掉药厂的衣裳，妻子在熬粥，我去喝几瓶啤酒，如此生活三十年。那些后来变得"平凡"[1]的人，都忘掉了"平凡"这件事。

有人喜欢这种岁月静好。

而我大概就是那种尘缘未了、六根不净的人，永远无法遁入空门，最好的修行就是跟万丈红尘纠缠到老，永远无法岁月静好，宁愿奔赴第一线直面所有惨烈的战争。

《平凡的世界》里，县领导的女儿田晓霞在毕业之际对回家当农民的孙少平说，务农不应该成为你的事业，你要记住，你跟别人不一样，你不平凡，你是一个有着另外世界的人。

这书我到现在都断断续续没有看完，但是对"另外世界"这个短语一直念念不忘。

只有你自己知道，你是否忘记和放弃了"另外世界"；只有你自己知道，你是否甘心放下"幻想"，安安全全、庸庸碌碌地过一生。

孙少平自始至终都看起来很"平凡"，在这本书的开头，他是个农村来的穷学生，连学校的"丙"等菜都吃不起，只能吃高粱面的黑馍馍。在这本书的结尾，他是一个身有残疾的煤矿工人。

---

[1] 平凡并不是一个贬义词，每一颗看似普通的心灵都有自己独特的颜色和层次，我们不能慢待轻视别人的人生，此处所说的平凡，只用来自省吾身。

但他好像始终没有放弃追求"另外世界"。

放弃出门砍柴的他躲在麦场的麦秸垛后面贪婪地阅读《钢铁是怎样炼成的》直到天黑，忘记了周围的一切。

当满窑的工人都熟睡后，他倒在烂被子里，满怀激动地阅读着《牛虻》，甚至忍不住念出了声音："亚瑟坐在比萨神学院的图书馆里，正在翻查一大堆讲道的文稿……"

人的身体会被生活劳役，会被琐事困扰，会被苦难折磨，但仍然能够在精神意志的引领下突破一切既定的现实，寻找另外的世界。

在我这里，甘于"平凡"就是对于自己再也没有想象了，是"够了""认了""不要了"，就和别人都一样吧。

考上大学后，熬夜打游戏，跟好朋友研究凑单买衣服免运费，这种平凡不快乐吗？快乐。

只是你对自己还有想象吗？

工作后，加班到深夜时一脸疲惫地打开手机软件叫车回家，这种平凡不充实吗？充实。

只是你对自己还有想象吗？

婚后，围着灶台忙不迭地为全家人做晚餐，这种平凡不幸福吗？幸福。

只是你对自己还有想象吗？

如果躺在现实中拥抱安稳，我们之于世界，犹如尘埃依附于土地，找到了最合适和最不显眼的位置，舒服地待着，消耗自己的时光兑换享受，流年似水过。

然而我过这一生，不仅希望自己舒服，还希望自己牛 ×。

我要把对自己所有的想象都实现。

这是一个很较劲的生活方式：总是妄图超越那个被眼下环境塑造的

自己，始终避免跟这个圈子里的大多数人变得一样，不停地去探索、去发现自己身上的新的可能，不停地去创造更棒的东西，不停地蜕变而始终如新。

经常问问自己，你还可以怎么样？

这是更加有力和强劲的生活方式。

你否定的只是现在的我而已

▼
▼

> 你可以否定此刻的自己，
> 但不能否定的是，每个人都有变强的可能。

大二找实习工作的时候我给自己做了一份简历，这份简历大体看起来跟别的简历没什么不同，无非是姓名、电话、教育背景、实践经历等内容，只是在这份简历的页脚处，我写了下面这段话：

> 如果有人否定我的话，也只是否定现在的我，我一直在变得更好，他们并不知道我最终能够成为的样子。

这句话伴随了我很多年，也不知道什么时候想出来的这句话。常常这样想事情，是我时时保有信心的法宝。

刷 TED 演讲时看到卡罗尔·德韦克教授讲述固定型和成长型思维模式。教授说，成长型思维的人面对挑战和错误会积极应对，相信自己的能力是可以提升的，这一切只是过程。而固定型思维的人却不能用发展的眼光看问题，认为失败就是失败，失败就是对自己的否定。

我肯定是属于成长型思维的人，因为我特别相信未来。

现在很胖，以后会瘦啊。现在很丑，以后会美啊。现在没钱，以后会有啊。现在没能力，以后还会变强大啊。

我有一个闺密，暗恋了男神三年，从大二到大四。

为什么就到大四呢？因为后来他们在一起了。

大二时她是一个体重近一百三十斤的胖子，还好死不死长了一脸痘痘，用她的话说是"洗脸时硌手"。衣着打扮更是一团糟，冬天出门羽绒服往身上一裹连内衣都懒得穿。翘课是家常便饭，最爱做的就是窝在寝室看言情小说，整宿整宿地看，但凡有点名气的作品都逃不过她的法眼。整个言情小说界作品更新的速度都跟不上她看的速度，于是她经常愁眉苦脸地处于书荒状态，这对她来说是大学生活中第二难受的事情，第一难受的事情是外卖不能送上宿舍楼。

有一天她们寝室有个姑娘恋爱了，要请寝室人吃饭。

在饭桌上，她就遇见男神了，男神是室友男朋友的室友。

"陌上人如玉，君子世无双"。读过很多言情小说的我的闺密这样形容男神。

闺密说，这样的人，她连想都不配想。

她在我面前犯了几次花痴，我跟她开过几次玩笑，我们就再也没提过男神了。大三开始的时候，她告诉我她要考研，她读的是三本学校，想报考北师大的研究生。

她把她小说网站的账号告诉我，让我把密码改掉不要告诉她，接着就去考研自习室占位置开始备考。每次给她发信息，她都是在食堂或者自习室。

我们有小半年的时间没有见，考研完了之后约见面，她简直把我吓到了。

被考研折磨过的人不应该无精打采、面如土色吗？

她瘦了许多，跟整形了一样，眼睛变大，皮肤状态也好了很多，头发全部梳起来在脑后扎成丸子，显得精神又可爱。

我说："你不是我的朋友，请把那个胖胖的小矬货还给我。"

她得意得很，说："你没有胖胖的小矬货朋友了，以后只有瘦瘦的小仙女朋友了。"

男神想要考北师大的研究生，她也不想再堕落下去了，就打算跟男神一起备考，也不熬夜了，早上按时起床去自习室读书，每次读书累了都用力地看男神几眼给自己打气。

"那变瘦是怎么回事？"

"变瘦是因为，考上了就打算跟男神表白啊。"

所以就每天晚上上完自习后去操场跑步，跑步的时候充满了信心，觉得自己一点点在变好。

不过现实还是很乌龙的。

考研结果出来后，她考上了，男神没考上，她没能去表白。

男神打算再考一年，她作为过来人，男神在"二战"中经常给她打电话求指导和鼓励，在这个过程中他们慢慢产生了感情，后来就自然而然在一起了。

至于他们后来分手，就不在这段故事里了。

年少的时候我们都仰望过暗恋的人，心里充满了甜蜜和绝望。

我只是想说，嘿，朋友，不要急着自卑和放弃，遇见他时，配不上他的只是现在这个差劲的自己而已，这并不代表以后永远都配不上他。

如果他在原地，那我们就进步，如果他也在进步，那我们就加快速度。

真的会有齐头并进的一天。

《超级演说家》结束之后，我陆陆续续地上了一些综艺节目。

在体验了超过两个节目之后，我给自己下了定语，我并不适合这一行。如果你给我十分钟，让我自己演讲，那完全可以，我只要把我自己想说的话说清楚就好了，如果你让我争论和插科打诨，我就接不上话张不开嘴了。

理智上我是这么认为的，但心里还是想要超越一下自己，于是我就翻看韩国综艺主持界的大神刘在石的视频，试图从他的主持中总结出一点经验来。

就这样翻啊翻，翻到了 2009 年他在某个节目上说的一段话。

主持人问他，为了自身开发都做过什么努力。

他说，以前一录综艺节目就很紧张，经常说不上话，偶尔说什么，主持人就嗯一声。一般主持人嗯一声就是意味着这段要被剪掉。为了训练自己，他就把综艺节目都录下来，在主持人提问的时候就按停止，去想如果是他，他会怎么说，之后继续看电视里的人是怎么回答的。刚开始的时候他的回答跟节目里的回答差十万八千里，他的回答好幼稚，但嘉宾的话好风趣。试过几次后，他能跟里面的人有相似的回答，渐渐地就找到了自信心。

这段话我看了好几遍，还截图下来保存到电脑里。

我和他情况类似，都有过一个不怎么行的开始。

我从来没有以任何形式参与到综艺节目中过，连看都很少看，在过去的二十多年里连跟男生吵架都会输，为什么就能突然口吐莲花呢？张口结舌、磕磕绊绊不是很正常吗？你不会指着一个婴儿骂 loser（失败者），因为他还没开始学习呢，为什么就用现在的自己，直接否定了未来的自己？

微博上总有生活中的失意人私信我，告知我他的自卑和失败。

今天被老板批评了。

今天考试考得很差。

今天被喜欢的人拒绝了。

我不知道怎么去安慰别人的失败，因为在我看来，你失败了，就是因为你不行，否则，怎么失败的是你不是他，所以我说不出来失败都是上天给你的礼物，或者这一切都是最好的安排这种安慰的话。

但是认为自己不行，并不意味着我们就要害怕尝试或者随便放弃。

"人"也是一个动词，不只是个名词。

我们的能力就像下图的曲线 y，y 是会变的，基本上是在增加，十五岁的我们肯定比五岁的时候阅读能力强。

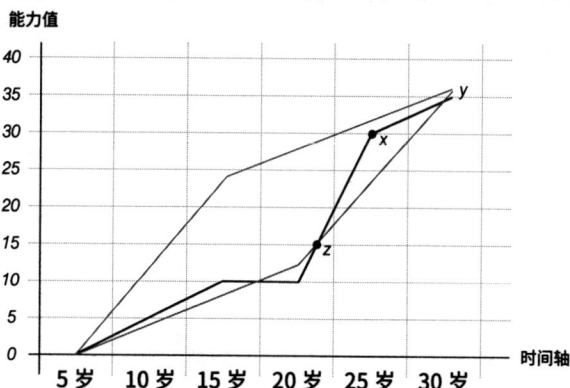

这中间会有不学无术的"平台期",在长期不训练之后能力还会减退,而当有了目标和压力时,它还会在密集训练下快速上升。对每个人来讲,y 增长的规律也不一样,有些人一努力就有效果,有些人刚开始进展缓慢,甚至毫无进展。可汗学院的创始人曾在 TED 里讲到过,在某些课程上有些同学一开始学习的速度很慢,但是最终掌握到的内容最多。

假设某件事情需要的能力是 x,我们不能在 z 点的部分就打退堂鼓,给自己判死刑。

你被否定的每一个瞬间,都是你发现问题、瞄准方向、更快进步的时机。

我们花了那么多时间听八卦、刷电视剧、跟朋友开 party(派对),为什么在成长方面,不能多给自己一点点时间和耐心呢?

过去做不到的事,不代表将来做不到。只要你还没死,你就有机会提高自己的能力。

你可以否定此刻的自己,但不能否定的是,每个人都有变强的可能。

我为什么总是充满动力

▼

> 人就像一辆车，踩油门，给一个加速度，然后就可以轻松前进，如果想要持续的动力，道理相同，把自己点燃，然后行动，最后靠惯性去坚持。

　　妈妈生日的时候，我带妈妈去商场吃饭，路过金银首饰柜台，妈妈停下来，在服务员热情的推销下，取了一对金耳环试戴，我和服务员都说很漂亮，但是她对着镜子照了一下就摘下来，摆手说："不合适，再看看。"

　　服务员语气有点不高兴："怎么就不好看了，多适合您啊。双十二正好可以打折，趁便宜买一对，以后再想买就不是这个价格了。"

　　妈妈有点尴尬，拉起我的手，说："走吧，不好看。"

　　我说："买了吧，看得出来你很喜欢。"然后我不理会她的阻挠，掏出卡，果断付款。

　　买了之后妈妈立刻就把耳环戴上，眉开眼笑。她是真的很喜欢，跟她同龄的老太太，几乎人人都有一对金耳环，她也想买，但是不敢说，怕花钱。

出商场门的时候，我暗暗地想，一定要好好努力，然后毫不犹豫地给妈妈买所有她喜欢的东西。

那一刻，我的内心充满了俗气的动力。

父母为了我，付出了一辈子，辛苦了一辈子。小时候家里经济条件很差，但是父母还是咬牙给我买所有其他小朋友都有的东西。记得班上刚兴起电子词典的时候，妈妈不知道从哪里了解到这个是辅助英语学习的东西，在商场里来回转悠了好几圈，咨询了很多品牌，最后还是狠心给我买了一台几乎最贵的，于是平时衣着打扮都很不入流的我，捧着班上最先进的一台电子词典。

每次我想起这些细节，都几欲落泪。

总有人跟我抱怨，说自己没有动力。

怎么会没有动力呢？

我愿意拿我全部的努力，来安慰和回馈父母为我而劳碌的一生，给父母花钱，是我最高兴的事情之一，是我奋斗的最大动力之一。即便我没有梦想，即便我渺小普通，即便我面对许多事情无能为力，我也不能停止努力，因为我要做一个能够把父母照顾得很好的人。

每当我想起他们日益佝偻的身影，每当我看到他们充满期待和担忧的眼神，就会觉得充满无穷动力，就会觉得自己所做的努力，是全世界最有意义的事情。

朋友是一家教育媒体的记者，一天晚上她来我家吃饭，兴冲冲地跟我说，最近采访了一群特别牛×的人，十一个人的公益团队，给住校的留守儿童录了一千多个睡前故事，只要老师伸出手指按一下按钮，学校的小喇叭就会开始广播，这些故事让孩子们不再流着眼泪孤独入睡，就像她采访稿的标题所说的那样。

这个项目很大程度上解决了留守儿童的心理问题，更令人意外的是，还增进了孩子们之间的友谊，由于听过故事的孩子可以讲给其他人听，所以他们之间的关系更加融洽了，并且这群孩子的写作能力也明显增强，他们可以把故事的素材写进作文里。

她发稿的那一天，在朋友圈里发了好长的一段文字，说这是一群非常了不起的人，说自己在采访的时候其实很焦虑，怕写不出来他们做得有多好。文字下的链接里是四万多字的采访，一口气读下来，荡气回肠。她的稿子，让更多的人知道了这个项目，更多的款项将被捐出，更多的孩子将会得到帮助。

总有人跟我抱怨，说自己没有动力。

怎么会没有动力呢?

这个世界，有很多地方都需要我们的改变，每当有一个人因为我们的努力而幸运了一点，快乐了一点，我们的内心就会充满了力量和继续下去的勇气。

亲戚家的妹妹想要去赫尔辛基留学。

她从上大学的第一天开始，就在关注学校网站上对外交换的信息，去赫尔辛基交换需要托福考到九十分，需要在大三的上半学期申请，她从大二就开始准备托福考试，可是乡镇高中毕业的她英语底子太薄，即便很努力还是不行，第一次考差了两分，第二次考比第一次更差，只有八十五分。

于是她又开始准备第三次考试。

那段时间她把所有社交活动都推掉了，我路过她学校去找她吃饭，打电话给她，她在图书馆，说自己刚刚啃了一个饼，不饿，不去吃了，等考完了再来找我。彼时她的室友都在寝室泡着打游戏，看小说，翘课，只有她，早上六点起床，晚上十二点睡觉，坚持晨读和去图书馆上自习。

第三次考托福，她考了九十九分。

大三上学期，她终于申请到了芬兰的交换生。

她把消息告诉她爸爸的时候，她爸吓了一跳，为难地问她需要准备多少钱。

她很详尽地把情况一条条地告诉她爸，说，不需要学费，生活费按国内水准给她就行，她自己这几年里攒了不少钱。

她说："姐，我从上高中开始就很想去赫尔辛基。"

读高中时，她在图书馆看到张小娴的书《雪地里的蜗牛奄列》，书里写李澄到赫尔辛基去找阿枣，阿枣死了，被葬在湖边，漫天大雪在风中翻飞，很美。

爱情故事已经忘记了，但是堆满雪的赫尔辛基，妹妹一直很想去。

她让我想到自己的高中，那时候心里有一个想去的大学，想去的城市，觉得自己每一分钟的努力，都让自己离那个地方更加近，每天都是元气满满的，每晚睡觉前都希望明天早点醒，早点开始第二天的努力。

总有人跟我抱怨，说自己没有动力。

怎么会没有动力呢？

我们都有一个理想之地，我们都有一个想要成为的更好的自己。

没有动力大概可以分为两种情况。

一种是没有想要做的事情，所以每天都觉得倦怠、懒散、堕落。

找到想要做的事情，跟找到喜欢的人类似，当一个人对世界了解得太少的时候，他的眼前只有方寸天地，只了解自己的专业，只熟悉自己的同学，只关心自己的心情，就很难碰到让自己动心的那个东西。

在不知道做什么的时候，要把时间和钱花在读书、观影、旅行，以及和人交谈上，尽量去那些陌生的环境里，接触和自己不一样的人。不是为了陶冶情操增加魅力，或者为了向人吹牛，而是为了寻找更多的生活方式，寻找更多的未来道路。只有当你的世界足够大时，你的选择才会足够多，才能发现你最适合的那一个。

寻找的过程，并不是在浪费时间，所以不要着急做决定。

另外一种没动力的情况是，正在做自己想要做的事情，但是坚持不下去。

有人考研，说坚持不下去；有人减肥，说坚持不下去；有人创业，说坚持不下去。明明做了一个很完美的计划，但是早上起不来，赖床，晚上睡不着，熬夜。

首先，要问自己，真的很想做这件事吗？

有时候你并不是真的想做，只是想要跟别人一样，或者是没有足够慎重地去思考。

如果确定自己足够渴望的话，那就是坚持的方法出了问题。生活不是游戏，一般情况下，我们想做的事情里总是夹杂着不喜欢的环节、枯燥无味的部分。更何况，大多数理想，实现的过程都充满了艰难，热情很容易被消耗完毕。

人就像一辆车，踩油门，给一个加速度，然后就可以轻松前进，如果想要持续的动力，道理相同，把自己点燃，然后行动，最后靠惯性去坚持。

觉得自己没动力的时候，就去看几本励志书，听一下励志演讲，反复想想自己的梦想，跟能够鼓励自己的人聊一会儿天，让自己兴奋起来。注意，不要沉迷于这种兴奋，而是马上行动，能坚持多久就坚持多久，把努力养成习惯，习惯早起，习惯专注，习惯比别人更勤奋。如果动力消减，也不要灰心，重复上面的过程，看这次是否比上一次坚持得久一点。

越觉得自己是个努力的人，努力起来就越容易，获得越多肯定，就越觉得有动力坚持下去。如果感觉自己今天很辛苦，就奖励自己，肯定自己，最好让别人看到自己的努力，从父母、朋友的口中得到肯定；不要给当天设定太高的目标、太严苛的要求，否则达不到只会受挫，长期受挫之后很容易灰心丧气。

还有一个小窍门很重要：你一定要让自己至少成功过一次。

经历过成功的人，亲身体会过收获的喜悦，享受过大家的赞美，所以他对成功的渴望是非常具体、非常形象的，行动起来也更有动力。

我缺过方法，缺过肯定，但从来不觉得自己缺动力。
因为有一大把去努力的理由，却找不出任何一个理由不努力。

寒门贵子

> 你要相信命运给你一个比别人低的起点，
> 是希望你用你的一生去奋斗出一个绝地反击的故事。

　　我想问大家一个问题，你们当中有谁觉得自己家境普通，甚至出身贫寒，想要出人头地就得靠自己？你们当中又有谁觉得自己是有钱人家的小孩？

　　有一个在银行工作了十年的资深 HR（人事经理）在天涯上发了帖子说，寒门再难出贵子，在当下这个人情社会里，穷人家的孩子比以往任何一个时代都更难翻身了，这个帖子引起了广泛的讨论。你们觉得有道理吗？

　　拿我来说，我们家就是寒门，不，我们家都没门。

　　现在想想都不知道我爸妈是怎么把我跟我两个哥哥从农村供出来读大学的。记忆中爸妈好像永远在为学费担心。在我考高中的那一年，二哥考大学，大哥考研，他们简直要崩溃了，他们不是担心我们考不上，而是担心考不好，考不到公费，考成三本，那样就需要很多很多钱，现在看起来不过几万块，但是当时对一个农村家庭来说，几万块太多了。

我一直觉得我很幸运，爸妈虽然没念过什么书，却觉得读书很重要，不管多苦都支持我们上学。我也很少拿自己跟家庭富裕的孩子做比较，不会觉得我们之间有什么不平等。

人生中第一次感受到贫富差距是在高考的时候，那时候班上的同学都复习得昏天黑地的，忽然有几个同学不来上学了，他们被父母通过各种手段送去北京或者天津考试了，高考完了之后就发现，他们可以轻松地考上清华、北大、南开这些好学校，而一般家庭的孩子只能去普通一本、二本甚至三本。

人生中第二次有这种不平等的感受，是大哥在找工作时面试一家事业单位，通过层层筛选闯到了最后一关，有个亲戚指点我们说这时候有关系就要找关系，没关系就要送礼，我们家根本没有能力去做这些，后来我哥到底没去成这个单位，然后他就直接一个人南下到深圳打拼。

我想现实大概就是如此吧，寒门子弟奋斗起来总是更艰难一些，我们必须承认的是，虽然人本身没有什么贵贱之分，但是就物质财富来讲，社会还是会被分为三六九等。而我们，恰恰身处六九等。

来自不同阶层的孩子在竞争规则之前首先就不平等，当我们每天为了考个好大学埋头苦读的时候，有些人小时候学习琴棋书画、上英语辅导班，读完高中就被父母花钱轻松送到了国外，去接受更好的教育。当我们为了留在一个单位卖力实习的时候，有些人只要领导一个电话就敲定了工作，根本不用担心前程。他们有很多优越的条件，我们都没有，他们有很多的捷径，我们也没有，你说是不是不平等？

比阶层之间不平等更严重的是出生地的不平等，有些人生在北上广，从小享受好资源。有些人生在青藏高原，生存条件恶劣得很多人活不到正常的寿命。你可能觉得这就是命啊，投胎是个技术活。但是中国是有户籍制度的国家，缺少迁徙自由，生在安徽就要在安徽，去了北京也没办法享受他们的教育资源，因为你没有户口，可是安徽人、北京人、上海人大家都是中国人，为什么有些人在自己国家的国土上，要被政策限制在一个贫穷落后的地方不能动，他们的孩子也要被限制在这个地方接受没那么好的师资教育？将来走出去没有任何关系，也没有任何背景，却要跟那些大都市的孩子在社会上竞争，你说这是不是不公平？这种不公平还有很多很多，**我们出生在什么家庭、什么阶层、什么地区，是无法选择的，唯一能够选择的是不把自己宝贵的人生浪费在抱怨不公平这件事情上。**

每一个人的人生都是不尽相同的，有些人出生就含着金钥匙，有些人出生连爸妈都没有。

人生和人生本身没有可比性，因为我们的人生是怎么样的，还取决于自己的感受。

如果你一辈子都在感受抱怨，那你的一生就是抱怨的一生；你一辈子都在感受感动，那你的一生就是感动的一生。一辈子都立志改变这个社会，那你的一生就是一个斗士的一生。

其实并不是每一个寒门子弟都没有成功不是吗？

英国有一部纪录片，叫作《人生七年》，片中访问了十二个来自不同阶层的七岁小孩，每过七年再重新访问这些小孩。到了影片的最后就发现，富人的孩子还是富人，穷人的孩子还是穷人，但是里面有一个叫尼克的贫穷的小孩，他到最后通过自己的奋斗变成了一名大学教授，可见命运的手掌里面是有漏网之鱼的。

这个社会上寒门子弟逆袭的故事数不胜数。当我们看到别人凭借着关系上位的时候我们要想，如果这个社会上一共有十个位置，七个都因为不公平不公开的手段被拿走了，那我就要去争取剩下的三个位置，只是需要更努力而已。

每当我们看到别人用钱解决问题的时候，我们就去看看，有没有一个没钱的人把这件事情做到了，如果有，那就证明这件事情是不用钱也可以做到的，那只要我们够努力就一定能做到。由于出身的不同，我们受到的教育、养成的性格、全部的综合的能力，都会有所差别，但家境不好并没有斩断一个人成功的所有可能，只是需要几倍于他人的努力，不能一失败了就埋怨出身，甚至埋怨自己的父母不如别人的父母，也不要每天都问凭什么，那些官二代、富二代，他们凭的是什么我们都知道，但是我们凭的只有自己。

有时候走在北京的大街上看着人来人往我就想，好吧，我真是一无所依，我除了自己什么也没有，那就单枪匹马地杀出一条血路吧，别人靠爹靠妈靠全家做到的事情，我要是一个人就能做到，我就太牛了。

最后我想说，亲爱的朋友，**你要相信命运给你一个比别人低的起点，是希望你用你的一生去奋斗出一个绝地反击的故事**。如果有钱人家的小孩，他们的人生故事是一个童话，没有一点点人间劳苦，那我们的故事是什么？是有志者，事竟成，破釜沉舟，百二秦关终属楚；是苦心人，天不负，卧薪尝胆，三千越甲可吞吴。

不作死就不会死

▼
▼

因为年轻，因为还有勇气，
所以我们还能听从自己内心的声音，
做一点看起来不怎么对的事情。

有人曾经说，一个好的演讲，只要让听众记住那么一句话就够了。2013 年十大网络流行语之一的 "no zuo no die" ——不作死就不会死，大家都听说过吧。我今天想让大家记住的并不是不作死就不会死，不是 no zuo no die，而是 no zuo no die no life。

什么是作？作就是不安现状的折腾。

我这人就挺爱作的，来参加《超级演说家》这事已经无数遍被我哥数落，他说我没事找事瞎折腾，他说："你就不能在学校好好学习吗？你这样很耽误学习你知道吗？你不是学表演学主持的，参加一个电视节目对你将来有什么用？"

可能我就是爱作吧，忽然觉得每天都过重复的生活，吃饭、睡觉、学习，很没意思，我就来了。

忽然觉得学了法律将来就要成为一个律师吗？我的人生还有没有别的可能？我就来了。

我自作，我也能自受，每次因为写稿子都要熬到夜里一两点。在安徽到北京、北京到安徽的火车上来回折腾了七八趟，每次站在舞台上等待投票的时候紧张得要双拳紧握，我会永远都记得这些时刻，作是能丰富人生的，**当一个人老了去回忆的时候，能让人记住的从来不是那些安全正确的时刻，而是那些咬紧牙关苦苦挣扎的时刻，那些在别人不看好的路上创造奇迹的时刻。**

在这个舞台上，有比我更能作的人，这人就是台湾之光林义杰，父母对他的期待是去好好考个大学，将来安安稳稳地当医生当老师当什么都好，但是他选择了体育，跑步，一条成功率极低、风险极大的人生路。他的双脚曾经跑过北极，跑过南极，甚至跑过全世界最大的热带沙漠——撒哈拉沙漠。我有一次在台下听他在台上讲他跟北极熊面对面的故事，内心就在感慨，这简直是作死的一生。这个死还不是说在人生里摔跤失败，是真的会死，但同时我也感慨，这作死的一生简直是太精彩了。

如果说当初他按照父母的意愿去考了大学，如果他还考上了，他以后会获得成功。但是在他作死的人生里，他看到的都不是成功，而是一个一个生命的奇迹。

一个人作到极致，把自己作到死路无路可走的时候，腾空而起死里逃生，这就是奇迹。

亲爱的朋友们，从小到大，我们就在听着别人的声音给自己的人生画格子，左边这条线是要学业有成，右边这条是要有稳定的好工作，上边这条是要有幸福的婚姻，下边这条是一定要生个孩子。好像只有在这个格子里才是安全的，才会被认为是幸福的，一旦跳出这个格子，别人就会说你作。可每个年轻人都有点想作的冲动吧，明明应该考个经济、法律、土木工程专业，你却想去当演员想要演电影；明明应该跟一个条件不错的男人结婚，你却想要分手想要追求爱情；明明工作得好好的，你却想辞职去旅行；明明应该听从父母的安排回到家乡当公务员，你却想去大都市，即使每天灰头土脸疲于奔命。

明明知道不作死就不会死，我们为什么还要如此折腾自己？

可能是因为我们还年轻，**因为年轻，因为还有勇气，所以我们还能听从自己内心的声音，做一点看起来不怎么对的事情。**

年轻的时候我们其实根本不知道自己想要什么，你知道自己想要的到底是什么吗？

我都不知道自己将来到底该干吗，只是知道自己不要什么。不想要循规蹈矩、平平淡淡的生活，不想要一眼能看到生命尽头的日子。作不作都是要死的，作死总比安分守己地生活在格子里等死好。

你可能会说，人生嘛，平平淡淡才是真啊，瞎作什么啊。这句话并没错，只是一个二三十岁的年轻人这么说，我会觉得很可惜，这世界这么大这么精彩，你却甘心待在一个小格子里。

我一直觉得，一个没有把百酒尝遍的人，不太能懂得清水至味；一个没有看过大山大水、大风大浪的人，他大概只会觉得日常生活平庸无聊，也不会感受到岁月静好。

亲爱的朋友，其实不仅是年轻人，一个人不管多老，都不要在剩下的生命里规规矩矩地等死，越老越要抓紧时间作。那些永远活得正确活得安全的人，他们喜欢嘲笑你不作死就不会死，no zuo no die，但其实一个一辈子安分守己不敢作的人，从来也没有拥有过真正丰富的人生。

因为 no zuo no die no life。

我不惧怕成为这样"强硬"的姑娘

▼
▼

> 敢争取也敢放弃，
> 耐得住苦也耐得住寂寞，
> 不理会打量的目光和讥笑，也不害怕与人为敌。

不是不想撒娇，是害怕失望。

不是不想撒娇，是缺乏对象。

2014 年的 2 月份，我拉着行李箱坐高铁去安徽录制《超级演说家》，坐在高铁上我欢欣雀跃。在这趟旅程中，我是没有负担的过客、心情轻松的旁观者、满心期待的异乡人，只要认真体会惊险和惊喜就好，结束之后回学校过"人模人样"的正经生活。

那时候一定没想到后来发生的那些难堪和纠结吧。

到达安徽后被安置在酒店里住了三天才轮到我录制。第一轮录制的选手有六十多位，每天的流程是下午三点左右开始录，一直录到深夜十一点，有时候更晚，第二天上场的选手要等录制结束舞台空了之后上来彩排。

等待的过程只有难以忍耐的孤单焦虑，一直觉得很饿，但是没有食欲。三个夜晚我几乎都在失眠，不知道为什么紧张，但是心跳会忽然加快，手心出汗，自己也很嫌弃自己。

我的人生好像从未遭逢过这么盛大的场合。面对摄像机、灯光，以及活生生的三百位观众和只有在电视里才能看到的四位导师，我要是不紧张，我肯定是鬼附身了。

我这辈子的紧张额度好像都用在《超级演说家》的第一轮比赛上了。

紧张不是最难忍的。

最难忍的是，当我自我介绍完了之后，妄图缓解舞台低气压，提到早上来的路上收到的朋友的短信。

朋友说："如果你紧张的话，就把台下的观众都当成一棵棵萝卜。"

结合当下的紧张心情我说："我毕竟无法把观众当萝卜，没有萝卜会动。"

导师立刻就接道："你的意思是不要观众跟你互动吗？"

如果说之前的焦虑把我所有的思绪都抽成一根细细的紧绷的琴弦，那么这一刻，琴弦终于断了，我的思路上下不接，阵脚全乱，我该怎么回答呢？其实只是随口开一个小小的玩笑，毕竟接下来的演讲内容都是好玩的，经验告诉我一个不自在的人、一个处在紧张情绪中的人是永远无法好笑的，我只是想放松一下。

如果我回答："不是不是，我不是这个意思。"显得太凥。

我也不能回答说"是"，因为我的确不是那个意思啊！

我根本没想到其他的回答方法。

我张口结舌："不是，我不是那个意思。"

我觉得沮丧，这并不是一个顺利的信号。

这就好像生活中你出门前随口跟好朋友开玩笑说："哎呀，我今天的发型丑得跟狗一样。"他很认真地问你："你的意思是不想跟我一起出去吗？"

舞台上的人，怎么可能不期待得到观众的互动回应？这个反问让紧张的我无法回应。

之后演讲的过程完全是机械化的，稿子我早就背得滚瓜烂熟了，观众反应惨淡。直到最后一刻导师才转身，听到砰的一声，我知道自己安全了。这时候就恍恍惚惚地听到有人问我："你做出惊喜的表情是因为你以为三个导师都拍你了吗？"

我确实误以为三个导师都拍我了，但是我像一个误以为有人暗恋自己的女孩子一样，不好意思承认自作多情。

我们在日常生活中，很少去直接把这种尴尬戳穿。在这舞台上被这样一问，若不承认，大概别人还要说我不够坦荡。

我忘了我是怎么回答的了。

那一刻我内心几乎是放弃了这个比赛。

我发现，原来这件事情这么难，一切都不在我的控制范围内，根本无法料想会有什么情况发生。我不够机智，不够自信，其实是一个很不会说话的人，当不好的境况发生之后，我连表现出足够理智和镇定都不能够。

最后，导师问我："其他两位没有选择你，你有没有恨他们？"

然后呢，哭得一塌糊涂的我把撑在胸口的最后一口真气散出来放狠话说："我会让你们后悔的。"

谁也不知道后面会发生什么，也许我下一场败走再无力回天，惨淡收场。我根本没有考虑过自己是否有那样的实力让人后悔。自尊心不经过大脑的准许自己跳出来，捍卫这样一个不肯服输的我。

下台之后我在电视台的楼道里哭得手脚发软，关掉手机，躲避人群，就坐在楼道里只是哭，哭够了才拍拍身上的土去吃饭。

后来很多人都注意到了这一句"我会让你们后悔的"，包括我的朋友 L。

L 看到之后专门给我打电话骂我:"你干吗那么死鸭子嘴硬啊,被看破的时候你就不会捂着眼睛跺跺脚说'老师你不要戳破我嘛'?"

我说:"那怎么回那句'你有没有恨他们'呢?"

L 说:"把你哭着说的那句'我会让你们后悔的',变成撒娇地说'我会让你们爱上我的'。"

对她我是"大写的"服气。

我很羡慕那些身段柔软可以随时求饶求救的姑娘,用自己四两的娇柔就能拨开千斤之重的难题。

可我从小就不会撒娇或示弱。

幼儿园生涯结束的那个夏天的下午,乌云密布、天光尽收,老师把我们叫到走廊上明亮的地方点名,点谁的名字谁就可以升入一年级。全部点完之后暴雨已然倾盆,很多家长都等在走廊尽头,一听"解散"就抱起自己家的小孩撑伞离开。记得某个同学的妈妈问我:"有没有人来接你,没有的话我顺道送你回家。"

我坚定地点点头说:"有。"

等小朋友们都走了之后,我冲进雨里跑步回家。妈妈不会来接我的,雨天正好卖雨伞,她现在肯定在店里忙得团团转。

就在我冲出走廊刚刚跑远时,就听到后面轰隆一声,走廊塌掉了。

我吓得赶紧跑,跑到半路还摔在泥水里,爬起来继续跑。郭德纲红起来的那段时间曾接受采访提到一句话:没伞的孩子你就快点跑。我就想起来发生在幼儿园的这件事,一个人在路上真的会跑得很快,没人背着没人抱,也没人可以撒娇。

到家我就开始发烧,我妈吓坏了,一手撑着伞一手扶着背后的我,带着我去医院打针。那场雨据说是村里很多年没遇到过的暴雨，院子里的大树都被拔了根。我妈一直数落我，为什么不在学校多等一会儿。

十一岁我就离开了家去城市求学，寄宿在学校，之后人生中许多重要时刻，都是一个人度过。

初中开学的第一天，老师要求全部女生剪短发，我偷偷哭过了之后去理发店剪掉留了好几年的长发，完了才给妈妈打电话说这件事，妈妈说："老师让剪就剪短。"

高二时学校搬迁，老师给寄宿的学生放了一天的假来搬行李。同寝室的室友或是父母过来帮忙收拾，或是市里的亲戚开车来一趟装走。我望着一摞一摞的书、被子、褥子、洗脸盆，犹豫了很久给我爸爸打电话。

我说："爸，我们要搬校区，我东西好多，你能不能来帮我搬。"

我爸为难地说："家里太忙了，你看看能不能慢慢来，多搬几趟。"

我知道这种要求会让他为难，"专门乘车来市里一趟为我搬行李"这种事对我来说有些奢侈，但我还是在语气中带了些委屈。

我说："我知道了。"

然后我平静地把东西都分堆，先搬书。能拿多少拿多少，越过一条马路，穿过一个小区，再走过一座桥，跨过滏阳河，就到了河对面的新校区。

那天骄阳似火，酷暑难耐，搬着很厚很厚的一摞书过桥的时候我接到爸爸的电话。他说："如果你实在搬不了，我还是去一趟城里吧。"

我说："我搬得了，我搬得了，我已经开始搬了，多跑几趟就能搞定。"

挂掉电话后我站在马路边上哭了起来，眼泪混着汗水，淌了一脸。我想，我真是不够懂事，居然让他听出了我的委屈。

高三生活，是在一场眼泪中开始的。

高考志愿是自己的选择和决定。

南京大学和南开大学都向我伸出了橄榄枝，爸爸觉得南开大学好，哥哥觉得南京大学好，我把自己关在屋里来回踱步，想得头都要掉了，最终我咬咬牙说："去南京大学吧。"那个下午天降暴雨，爸爸和我赶到火车站想去石家庄与南京大学签合同，票也买不到，急得他团团转，我说："爸，不然我们不报南京大学了。"回到学校，我郑重地把对外经贸大学写入志愿表，打电话给父母兄长说出这个决定时他们觉得很惊讶，我说："我真的想去北京。"他们说："你想好了就行。"

某次跟王刚老师同录节目，他颇有感慨地说此生最大的心愿之一是参加儿子的大学毕业典礼。

回想起自己大学毕业典礼的那时候，根本没有通知父母，觉得好像不是特别重要的事情。那时候并不是金钱上不允许，而是对从艰难岁月走过来的我们来说，仪式感一点也不重要，不值得浪费车票来让父母见证。研究生毕业典礼的当天大哥来北京出差，我打电话问他我毕业典礼你要不要来，他开玩笑说："已经毕业一次了怎么还没习惯呢！"

我确实是已经长大了，已经习惯了不撒娇、不求助，凡事自己决定、自己争取，受伤时绝不倾诉，自己疗伤治愈。

我终于长成了那种"独立自主"的姑娘，成了那种"没有温柔，唯独浑身英勇"的姑娘，连谈恋爱都会想着少给对方添麻烦。

很多事情小时候没有掌握，长大了再去学习就很困难，撒娇是其中之一。人生有许多撒娇就能解决问题的时刻，我们都选择了"撂狠话"或者"装没事"。

不撒娇，是怕失望，怕让对方为难，怕自己无法抵挡温情而防备崩坏。所以内心破碎的时候还能站得直挺挺的，说我能行，我能还击这个世界，你们谁也不用照顾我，担心我。病了可以自己给自己煮粥喝，可以自己修水管，雨天也不必在屋檐下等谁送伞。

而更多的时候不撒娇，是因为身后无人，没有一个寻求庇护的对象。

我听过的对"不爱撒娇的人"最严重的诅咒是：不会有人爱你的。

《书剑恩仇录》是金庸的第一本小说，也是我读过的第一本金庸的小说，当年是从哥哥那里偷来看的，因为太喜欢霍青桐，就用笔画出来描写霍青桐的全部语句，其中有一段是陈家洛的内心戏，他把霍青桐和香香公主两个姑娘放在一起比较，说一个可敬可感，一个可亲可爱。对霍青桐是敬多于爱，甚至有点怕，跟香香公主在一起则只有欢喜。

他爱的是香香公主，或者说是更爱香香公主。他还反问自己，难道是不喜欢霍青桐太能干吗？

翠羽黄衫的霍青桐，见识谋略不输书中的任何一个男人，内心之坚忍也不输于任何一个男人，受伤吐血被冤枉，她都不吭一声。

她没有得到许多的呵护和宠爱，但霍青桐就是霍青桐，没办法想象她成为其他任何人。

有人说"撒娇的女人最好命"，可能吧。

只不过泅渡人生，各有其凭。

一个嘴硬的人，自身就是自己最大的依仗，在每一个不撒娇也不示弱的关头，都要靠自己火力全开地冲、硬碰硬地扛，最终练就一身钢筋铁骨，风雨无惧。

我不惧怕成为这样"强硬"的姑娘：**敢争取也敢放弃，耐得住苦也耐得住寂寞，不理会打量的目光和讥笑，也不害怕与人为敌，难过的时候就回家放肆哭，出来还是一个刀枪不入、百毒不侵的"女强人"。**

原谅我们不是会撒娇的女生，只会成为越来越强的女生。

人和人之间
最大的差距是什么

网络上有句成功学鸡汤这样说:"经营企业,经营的是与那些成功企业之间的差距;经营人生,经营的是与成功人士之间的差距。干掉这个差距,你也可以很牛×。"

可是,差距是什么?在哪里?怎么干掉?

我考过不少试了,中高考、考研、司考、托福,接下来还想考 CPA(注册会计师),甚至想去尝试一下考博。

考试难吗?

任何靠自己就能做到的事情,都不能叫作难事。

那些在上学时讨厌考试、觉得复习太累的人,到后来就会知道,如果什么都不用理会,仅凭自己的认真勤奋就能做好一件事,这是多大的幸福和幸运。

能在考试中胜出的人,分为两种。

一种是策略正确的人，轻轻松松学习，效果极佳。

我们经常看到那种考上清华、北大的人说自己根本没怎么努力就考上了，他们不一定是天才、智商高，但最起码能够理性地看待考试，寻找规律，摸索途径，在正确的方向上努力，自然可以少费力气就能取得佳绩。

一种是真正刻苦的人。

这种人未必拥有极佳的学习方法，要背诵就傻傻背诵，要做题就拼命做题，一个知识点被他在一百道题里练习过，再笨也会了。

最好的做法当然是在正确的策略下，投入足够多的学习时间。

学习时间是指真正在学习的时间，不是昏昏欲睡地熬通宵复习，也不是三心二意地翻翻书，如果没有集中注意力，那根本不叫学习时间。

基于我们在注意力上的差距，你可以学一个小时，顶别人学五个小时。不能专心的话，去图书馆待再长的时间也不过是自欺欺人而已。

在学习 [1] 这件事情上，人和人之间最大的差距之一就是专注力。

如何长时间地专注学习？

我们把专注学习的方法分为三个板块。

1. 学习前的准备

在每天开始学习前，明确本次学习的任务和结束时间。

问自己三个问题：

我为什么要学这些东西？

我今天要解决什么问题？

---

[1] 在这里，学习仅指针对应试的复习。

我预估多久可以学完这些东西？

让两个人做同样的十道题。一个人知道自己做这十道题的目的是强化自己容易搞错的几个知识点，他带着解决问题的心态投入学习，必然比另一个只给自己规划定量任务的人学习要专注。

让两个人同样记忆一章节的内容。

一个人清楚地知道必须在下午六点前结束任务，另一个人只是模糊地知道在下午要把这些内容背完，则前者集中注意力的紧迫性更强。在后者的心里，下午可以是六点结束，也可以是七点结束，当结束时间有弹性的时候，就会下意识认为还有很长的学习时间，也就更难集中注意力。

如果你在为一场考试做准备，就一定要清楚"怎么样学习才能达到目标"，这样更能帮助你去抵制诱惑，专注于任务。

这个问题包括三个要素：

A. 要达到什么样的目标。考什么学校？这个学校要多少分数？单科目标分数是多少？

B. 要做什么事情。都需要学习哪些知识点？这些知识点在哪些书上？都要做哪些题，做几遍？背哪些东西？

C. 这些事情要做多久。总共的复习时间是几个月？给每一个任务分配多长时间？

如果对上面的问题有答案的话，那么，每一个你灯下学习的晚上，每一个迎着晨光背诵的早晨，你都知道自己在做什么，为什么这么做。即便不是一个热爱学习的人，带着明确的目的去做，与模模糊糊、只是知道应该这么做，专注度也会有差别。

特别为学习准备一个干净整洁的环境。

把工作和学习环境布置得舒适愉悦、极尽方便，所有要干的活都在早上坐下后——安排好，把有助于提高注意力的东西都放在眼前，比如，想考上的学校的照片。

这样长期下来，就会给自己的脑袋里装置这样一个开关：只要进入这个环境，学习就可以开始了。

尽量不在早晨或者是学习开始之前收拾桌子，这样很容易控制不好时间，导致耗费时间过长。

人天性里更喜欢简单直接的、不动脑的、眼前的事情，相比学习，整理房间显然是更令人愉悦的。

利用环境来给自己暗示，这是我过去一直忽略的一个技巧。

读高中时我不愿意在整理内务或者打扮自己上多花一丁点时间，那时候我对于学习有一种变态的专注，完全不在意自己在什么地方学习。

但是那种极端专注是可遇不可求的，持续性也比较差。

我发现环境对学习有影响是因为一次搬家。

我以前住的房子是一个钢铁公司的家属楼，年代有点久远，屋子装修陈旧，怎么打扫都弄不干净，这直接导致我收拾房间的欲望不强，在乱糟糟的环境里，我的学习状态一直都不怎么好，回到家就提不起劲来。

事情的有趣之处就在于，当我身处其中的时候，并不能发现环境与自身状态之间的关系，一直到我后来搬家住进一个日式装修风格的精美房子里，才发现自己的不同。

晚上回家，一开门进去就觉得很幸福，愿意静坐其中，桌椅板凳、书本台灯、被褥衣服，都摆放得整齐有序，这种整洁的环境会增加人对自己控制力的信心，由外而内地使自己产生一种"不可乱"的心情。

"一切都在我的控制之中，学习也是。"

大概是这种心情。

我学习的桌子上放着植物界的励志之星仙人掌，桌角贴着我的奋斗目标，台灯是朋友送的，小米品牌的，外表简洁漂亮，暖光，我超级喜欢，看到它就有幸福感，这样就直接减少了对"结束玩乐开始工作"的排斥，精神很容易收拢到眼前的工作上来。

关于学习环境还有几点要注意。

到底应该去图书馆学习，还是留在寝室就好了？

我的建议是最好不要在寝室，一定要把学习环境和休息娱乐的地方分开，这样更能强化自己脑袋里的学习和娱乐开关。

我连吃饭、娱乐和工作都不用同一张桌子。

如果在一个地方，学习状态始终不好，也可以考虑换一个环境，调整状态，只是不要去太陌生太极端的环境中，最好是去自己本来就熟悉和习惯的地点。期末考试的时候有朋友叫我一起去校外咖啡馆学习，但实际上效率极低，咖啡馆与图书馆相比声音杂，总有人来来往往，桌子太小，光调整心情就需要很长时间。

珍惜不会被打扰的时间段。

以前上学的时候，学校把一节课的时间设定成四十五分钟，所有人都必须遵守这个安排，把自己学习的节奏调整成四十五分钟一休息。

上学这么多年，我对这个制度始终没有习惯。

刚刚感觉自己沉静下来了，找到了状态，很快就到了下课时间，忍不住盼望下课，毕竟老师讲课也不是那么好听。

到了大学，没有自习课，学习变成一件很自由的事情。

这也就意味着，你可以随时学习，也要准备随时被打扰。

所以要珍惜那些不被打扰的、安静的学习时间，也要多多寻找这样的时间。

例如早起后的清晨，不要安排那些杂七杂八的事情，就坐在那里学习一段时间。

番茄时间管理法现在很火，很多人都说这个方法好用。

一个番茄时间共三十分钟，包括二十五分钟的工作时间和五分钟的休息时间。

我总觉得二十五分钟学习时间太短，适合那些精神完全没办法集中的人用作早期训练，或者适用于已经上了班的人，他们往往需要同时处理很多事情，又随时可能被打断。

不过这个方法帮助我养成了一种习惯：设定好的学习时间，绝对不中断，也不可以被打扰，反正接下来有休息的时间。

脑中一定要有这样的概念：学习时间绝对不可以中断，就算是无法集中注意力，也不要放弃为集中注意力而努力。

2. 在学习的过程中

排除干扰。

据说，人的每个神经元都和一万个神经元交流，就好比一万个人无时无刻不在打电话找你，所以大脑必然是很容易分神的。

我把干扰分为四种。

第一种，杂念。

明明看着数学题，莫名其妙地就想起来朋友要过生日了，该给她买个礼物，反正这件事是必须要做的，干脆现在就买，于是就放下手上的题，开始刷淘宝。

一旦发现自己脑袋中闪现了这种小念头，就拿张便笺纸写下来，每天设置一个专属时间段来集中处理此类小事，让自己把这些事情安心地放下。

第二种，烦恼。

烦恼是代指那些最近在困扰或影响自己情绪的事情，例如，跟室友闹矛盾，上一次考试失败等，这种事情尽快解决最好。

小事不要与朋友计较，你还有更重要的事情要做，该道歉的道歉，该视而不见的就视而不见。

如果这件事始终在脑海里盘桓放不下，就拿出一张纸，把自己对这件事情的解决思路写下来。

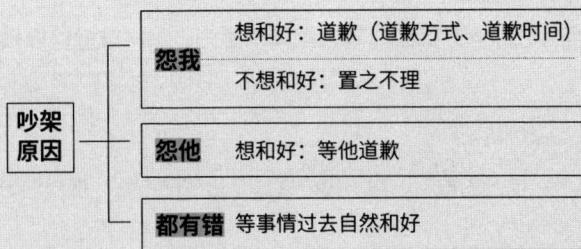

吵架原因	怨我	想和好：道歉（道歉方式、道歉时间）
		不想和好：置之不理
	怨他	想和好：等他道歉
	都有错	等事情过去自然和好

你可以按照自己的情况，把分析情况和解决思路写得更详细。

每次想到这件令人烦恼的事情，都看一眼这个解决思路，然后就能安心下来。

保持情绪的稳定是一个人重要的能力之一，如果总被乱七八糟的情绪困扰，就要反思自己是不是一个心胸不够开阔的人。

敏感、多疑、易怒，都是严重的能量自耗。

第三种，手机。

如果控制不住自己玩手机，最好的办法就是远离手机！

没什么更高级的方法！就是隔绝，见不到，摸不着。

我有一段时间患上了严重的手机依赖症，严重到在驾校学开车，一踩刹车就忍不住要看，而教练就坐在我旁边，更别提学习的时候了。

尝试了各种办法，发现最好用的就是"不带"手机。

到现在都是这样，我工作的时候习惯把手机锁在办公桌下的柜子里，把钥匙扔在手够不着的地方，这样比不带手机效果还要好。毕竟一天不带手机，肯定会有人发信息过来，会惦记、难受。

虽然看不着，但是手机就在附近，因此不会惦记。中午吃饭的时候可以打开柜子看一下，也能及时处理信息。下午工作开始时再锁起来就好。

我朋友上高中时有网瘾，于是拿绳子把自己的电脑打个死结，然后放到她妈卧室的柜子里锁起来。这样每次要玩电脑，还得觍着脸去跟她妈要钥匙，然后把打结打得极其复杂的绳子解开，想想就觉得麻烦，于是也就不玩了。

这个过程类似戒毒。

别拿毒品考验自己的意志，眼不见心不烦是最好的办法，慢慢地也就养成习惯断绝依赖了。

第四种，恋爱。

以上方法足以对付大部分干扰，只有一种干扰我克服不了，那就是暗恋。

暗恋一个人，表面风平浪静，内心风起云涌，忽而喜悦，忽而悲伤，迎风感怀，见花落泪。平时跟朋友在一起还好，只要一个人安静地坐下来，满脑子都是对方的声音和样子。

恋爱是否影响学习，或者暗恋是否影响学习，要看一个人的自控能力，而这个自控能力，取决于性格和恋爱经验。

在我上高中的时候，学校一旦发现早恋，两个人之间就要劝退一个，记过一个。虽然老师几乎没有这么心狠手辣地贯彻执行过，但是我极少听说谁跟谁谈恋爱了。等我到了大学之后，才发现他们当中很多人都是在高中谈过恋爱的，而且是正大光明的。隔壁寝室的武汉姑娘，跟初恋男友在高中谈了足足两年，两人一放学就手拉着手去看夕阳，她和男朋友高考都考得不错。还有一个男同学，本来学习比较差，可是喜欢了一个成绩好的女孩，后来两人还真在一起了，跟优秀的女友泡在一起，这男生也开始努力学习，考上了对外经贸大学，而那个女孩高考失利，从考场上一出来就直接提分手了，这女孩心里是有怨的。

武汉姑娘，是自控能力比较强的典型，情感上不冲动，自己的事情都做得很好，因此早恋对她学习上的影响就比较小，反而因为恋爱，减轻了许多压力。我的男同学，他的自控能力也很好，原因是他从小学就开始谈恋爱，不把恋爱当成一件多么大的事，不会天天想，无心学习什么的。但是那个跟他恋爱的女孩，就是典型的乖乖女，懵懵懂懂心跳如雷，处理不好感情和学习的关系，两个人相处的时候难免有摩擦，要是赶上失恋，对这样的女孩来说简直就是灭顶之灾。

如果你一旦喜欢上别人要怎么办呢？

那种自控能力很好的人不在我们讨论的范围内，那种不恋爱也根本不想学习的人也无须讨论，如果你也有自己的梦想，想要好好学习，可是控制不住自己总想着另外一个人，怎么办呢？爱和喜欢没有错，只是我们要学会规避它对于学业的影响，毕竟考试是迫在眉睫的事情。

人一旦陷入某段情思之中，就很容易把全部注意力都集中在对方身上，视野变得狭隘，情绪容易被对方牵着走，当在感情上遭受一点点小挫折的时候就难以排解。

除了充分使用本文中提到的集中注意力的方法之外，还要去跟朋友多交流，打开自己的世界。跟喜欢的朋友相处可以分散注意力，也可以在发生什么事情时及时疏通心情，保持心态平衡。

年少初恋，容易觉得恋爱大过天，当我因为感情问题而无法集中精神的时候，会选择一个很欣赏的朋友来交谈，或者去参加一个高端一点的聚会，总之是想方设法地跟更优秀的人会一会，听听人家的优秀事迹，回来就会觉得世界很大，我想要的有很多，而恋爱，哼，一点小事而已。

如果可以的话，给自己设定一个目标，"如果我可以考上的话，就去表白""我要把想念对方的念头都转化为学习的需求"。

趁热打铁。

如果现在学习状态还不错的话，一定要趁机学得久一点，直到反复确认自己受不了为止。学习状态并不会时时都好，而是跟潮汐一样有高有低，好状态一定要珍惜，一鼓作气地学下去，把学习进程"凶猛"地往前推进。

为什么要反复确认自己是否疲惫？

因为人很会哄自己，稍微觉得有点累就想停下来，实际上我们都可以坚持得更久一点。

我以前常常犯这样的错误，如果感觉自己之前的学习状态比较好，就很容易得到一种自我满足，容许自己干一点别的事情，比如吃晚饭的时候看自己喜欢的剧，然后一发不可收拾，直接毁掉了整个晚上的时间，导致自己对于今天一天都很不满意。[1]

发现这种规律之后，我就转换心态。当我发现自己很高效的时候，即便学习时长达到了一种很令人满意的程度，也绝不停下来，其间如果饿了，就

---

[1]《自控力》这本书里提到，当一个人取得进步的时候，他的大脑就停止了思维进程，而这个进程正是推动你追求长远目标的关键。然后那个放纵的声音就会响起来，他会转而关注那些还没有得到满足的目标。心理学家将之称为：目标释放。

快速地填充食物，补充能量，最大限度地保证状态的延续，直到自己产生无法克服的疲惫感为止。

我把那种"既然已经这么努力了，给自己一点放纵作为奖励吧"的思维，转变成"这种状态是可遇不可求的，一定要充分利用"。

后来我发现这样做有很多的好处，可以提高自己的注意力极限。

有许多书籍都论述过意志力和注意力有限的理论，用意志力控制自己不转移注意力的时间就更有限了。据说，一个大学生在课堂上能够集中注意力的时间不超过十五分钟。

但这个限度并不是固定的，智能手机的出现让我们集中注意力的能力下降，一些适当的训练也会让这种能力提升。一些书里就推荐过运动、冥想等方法。

对我来说，专注就是对专注能力最好的训练。

今天超乎寻常地连续高效学习五小时，明天可能达不到，只有四小时，后天居然还可以六小时，慢慢地，注意力阈值被冲开，集中精神的时间越来越长。尤其是一气呵成、全神贯注地解决一个本来要拖延一下的大问题，那种感觉真的很爽，结束之后长长地舒一口气，耐力和注意力都在这种大任务中得到了训练。

及时收神。

发现自己已经走神了，就不要再花时间责备自己，有时候责备自己带来的消极影响比走神本身还要大。

用一种积极的心态去想这件事：人的天性就是会分神，集中注意力本来就是一件克服天性弱点的事情。每次集中精神都要夸自己真的很棒，如果分神，那么注意力再转回来就好了。

我考研时，总喜欢在午饭时间跟同教室的人侃大山，导致自己头脑很兴奋，无论是进入午休还是进入学习，都十分困难，即便勉强开始学习，也会频频走神。

如何把飞得很远的思绪抓回来，如何把自己从巨大的、热烈的情绪里抽离出来，集中到眼前的习题上？

你是否有迅速安静下来的能力？

如果没有，可以选择做下面的几件事情：

看一两页能让自己平静下来的书；

想一件能让自己平静下来的事情；

塞上耳机听一首平和的曲子，塞上耳机这个动作代表跟外界 say goodbye（说拜拜）；

凝神听几分钟自己的呼吸声。

我最喜欢看学习方法类的书籍，只要看上两眼，就能迅速收心，投入学习。

采取更容易集中精力的形式学习。

高中时我有个同学，喜欢死盯着历史书看，盯一会儿就开始呼呼大睡，或者神游外太空。

这样看书是最容易走神的，不像做数学题，还有个按步骤解题的过程。光靠眼睛是靠不住的，参与得越少，离开得越容易，一定要记得调动全身来学习。读题的时候可以边看边画，又不容易看错题，又可以防止走神。

我考法硕的时候，有大量的记忆工作，我会要求自己边看边默念，还自己写目录，对着目录重复本节重点。

我们可以不眠不休地打游戏，可以从一睁眼就开始刷淘宝，是因为对这些事情本身就有浓厚的兴趣，打游戏和刷淘宝充分顺从了人类的欲望——征服欲、购买欲等。我们对于学习的欲望源自好奇，但是应试下的学习跟好奇没有丝毫关系。

如果有人可以把学习设计成好玩的模式，绝对是大功德一件。现状下，我们只能自己找一些有意思的学习方式。

我挚爱的记忆方式，就是"说出来"，让自己特别郑重地站在一个地方，然后对着空气说，对着马路说，对着台下说："今天我来给大家讲一下什么是知识产权，知识产权包括以下几个内容……"

必须很顺畅地让自己讲出来，卡壳的话就回去看看书，重新讲。

这实现了人的"表达欲"。

我那时候只知道这样做很快乐，后来看到费曼学习法 [1]，才比较完整地认识到这样做的好处。

增加压力。

众所周知，越临近截止日期，学习效率越高。

写一篇论文，对着电脑三个月丝毫无进展，效率为零，最后三天废寝忘食猛写一通，效率暴增。

自己给自己设定的 deadline（截止日期）是没用的。

我克服拖延和提高效率的办法就是把 deadline 权限交到别人的手上，明明是周末才截止的事情，我承诺别人周三就给他，没办法，只好在周三之前很勤快地完成。

---

[1] 费曼学习法包括四个步骤：选择要学习的概念；设想你是老师，正在试图把这个知识点教给一名新生；当你碰到难题感觉疑惑的时候，返回去重新看书或者问老师等，直到搞懂为止，然后把它解释记下来；尽量用简单直白的语言重新表述啰唆的、艰涩的内容，或者找一个恰当的比喻以便更好地理解它。

我有个成绩特别好的学妹，给我介绍过一种小组互助学习方法，她在班上找了四五个比较认真的同学，结成一个小组，大家按照章节来领取任务，听课和整理笔记，争取把笔记写到最详尽的程度，然后再交换着看，在这期间每个人的学习效率都很高，如果不认真或者完不成的话，就会耽误别人的复习进程。

人的本性虽然懒，但是要脸啊。

强化渴望。

当我们对一件事情足够渴望的时候，就会产生一种魔性的专注力。

梦想这个词太概括了，要把它具体化、画面化，去想象做到之后的场景，我会变成什么样子，我会得到什么，父母会不会很高兴，等等，越细越好。

我是从高一下半学期开始努力学习的，学习到疲惫之后当然就很容易走神，然后我就会幻想一个画面：期末考试考了第一名，平时不太注意到我的亲戚们都在围着赞美我，包括我最敬佩的舅舅，"真没想到啊""你怎么这么厉害"，父母一脸以我为荣的表情。这个想法又会刺激我继续旁若无人地学下去。

很幼稚是不是？但是真的很管用。

走神的时候，我不允许自己想别的，就想这个。

切换任务。

集中注意力的时间是有限的，可以使用切换任务的方式来延长集中注意力的时间。

最好是把耗神的任务和机械化的任务交错进行。

我比较喜欢把做题和背诵交替进行，做题做得有点疲惫之后，再做下去效率也不高，就站起来背会儿东西。

需要注意的是，不要切换得太过频繁，因为进入状态本来就需要一定的时间，频繁切换只会浪费时间。

如果切换任务这个方法不好用，可以尝试把机械的活动和用脑的活动同时进行。[1]

硅谷有所学校在学生课桌下面加了一个小秋千，学生踩着荡来荡去，听课时注意力能得到极大提升。朋友说，《生活大爆炸》里，Sheldon（谢尔顿）脑子卡壳时，就去餐厅端盘子。身体在做一些简单的机械活动时，大脑能更专注地进行思考。从理论上讲，好像是一些基础神经被占用时，脑前额叶[2] 能更好地工作。她试过在手里摆弄一些东西时，注意力会更集中。

这可能也解释了为什么我总觉得抖腿时听课效率更高。

饮食和睡眠。

长期熬夜，昼夜颠倒，会逐步摧毁一个人的意志力。

一定要保证好睡眠时间，睡眠充足的时候人的自控力更好。我在大学时期总熬夜，还声称自己在深夜工作效率最高，一直到我把这个习惯完全改掉才发现：原来在一个清爽的清晨精力充沛地学习是这么舒服的一件事情，仿佛可以不知疲倦地学到天荒地老。

人脑中有一个区域是控制注意力的，这个区域工作时是需要能量的，饮食的重要性很多书里都讲过，只是要注意一点：不要吃饱。吃太多不容易集中注意力，还会犯困。要少食多餐，控制住自己的饭量，这样既能补充到足

---

[1] 文中的方法也不一定对你有用，一定要自己去尝试，然后观察、总结，找出自己用起来效果最好的方法。

[2] 脑前额叶的主要作用是让人选择做更难的事情。

够的能量，又能保持清醒。

我以前没特别注意这一点，只要一犯困就认为自己需要补充睡眠，其实只是吃多了而已，站起来走动一下，消化消化，这时候趴在抱枕上浅浅地睡二十分钟，就可以让头脑整个下午都活跃得不行，完全沉浸在学习中。

3. 学习完毕后

真正觉得累了就去休息一下。

没有休息，就没有学习。

当你觉得学习是一件无休无止的事情时，你就不会尽全力去学习了。

那样也会把自己的精神弄得很疲惫，只要一走神，只要没有泡在图书馆，就觉得很后悔。

休息是必需的。

这里有一个小技巧，休息时不要去"大肆放纵"，而是做一点简单的放松和娱乐。有一阵子我沉迷于看《盗墓笔记》，但如果我在最佳学习状态结束之后的休息时间，不去看《盗墓笔记》，而是选择一种"不彻底的方式"娱乐自己，看一集轻喜剧，或者出去遛遛狗，不仅会很容易收心，还会感觉对自己仍然没有失控，很自然地就把学习状态继续下去。[1]

另外，最好把休息的时间固定下来：每天的晚上几点，每周的哪一天。然后不断地暗示[2]自己，为了能够在休息时间理所应当地不看书，就必须在

---

[1] 这可能跟完美主义的心态有关，我们会认为自控是"好"，失控是"不好"，一直"很好"就会继续"好"下去，而一旦发生"不好"，就会直接想要放弃。

[2] 学会通过暗示自己指挥自己的行为，自己其实很听自己的话，别浪费这个技巧。

学习时间全神贯注地学习。

以上，学习方法的部分就结束了。

最后，专注是一个强大的竞争优势。

不聪明、没天分都不是问题，只要你够专注，就能把时间利用得彻底，就能够得到几倍于他人的学习时间，这本身也是一种快乐。

这世界上最不会辜负努力的事情之一，就是学习。

在学习这件事情上，我们拼的就是自制力，谁能够抑制其他冲动，集中精神学习，高效地学习，坚持学习，谁就能取得最后的胜利。

专注本身是幸福的。

《倚天屠龙记》里，张无忌被朱长龄逼得跳悬崖自尽，结果落入幽谷之中，巧遇白猿获得《九阳真经》。

书中这样描写练习九阳神功这一段："……幽谷中岁月正长，今日练成也好，明日练成也好，都无分别，就算练不成，总也是打发了无聊的日子。他存了这个成固欣然、败亦可喜的念头，居然进展奇速，只短短四个月时光，便已将第一卷经书上所载的功夫尽数参详领悟，依法练成……不久便在第二卷的经文中读到一句：'呼翕九阳，抱一含元，此书可名九阳真经。'才知这果然便是太师父所念念不忘的真经宝典，欣喜之余，参习更勤……待得练到第二卷经书的一小半，体内阴毒已被驱得无影无踪了……只是越练到后来，越是艰深奥妙，进展也就越慢，第三卷整整花了一年时光，最后一卷更练了三年多，方始功行圆满……他在练功之时，每日里心有专注，丝毫不觉寂寞，这一日大功告成，心头登时反觉空虚。"

我很喜欢读这一段，喜欢这个学习的过程。

有进益，有阻碍，开始时没想太多，完成后才惊觉自己神功大成，反而有点落寞。

天地万物，岁月穿行，都不重要，全部忽略。

只有认真的自己，带着滴水穿石的耐心。

人生中最重要的成就，背后都必然有一段这样忘我的经历。

第二章

Chapter
Two

要和比你努力的人
在一起

▼
▼

知道自己能够像变态一样忍耐和努力，就算是摔
在烂泥里也能爬起来，就算是走到山穷水尽之处
也还是能走下去。

你现在在意什么，就去争取什么

▼
▼

> 你现在在意什么，就去争取什么，
> 未来也可能遭遇对自己的否定、否定、再否定，
> 但这就是人进化的过程。

妹妹前两天打电话跟我说，对自己的大学生活很失望。

大一的她发现从高三解放出来并没有一切万岁。虽然头顶不再悬着一把随时落地的剑，身后不再有紧紧追赶的人，却不知道如何安放大把的时间和自由，好多事都想做，却什么都坚持不了，原来曾经渴望的充实美好的大学生活，竟然填满了无聊和懒惰。

过来人总会把所有美好的词都贴向过去的青春岁月，好像在那段岁月里只有狂欢，只有爱情，只有美好，全然忘记了面对不确定的未来和平庸的自己时，曾有多么无助、慌乱和自我厌弃。

每一段时光里都有特定的难受之处，这并不是矫情。

我也曾像她一样，满怀期待地拿着一张薄薄的录取通知书登上离开家的火车，轰隆轰隆地开往新生活。历史老师在毕业时赠言："在大学

里，同学们都来自五湖四海，没有人知道你的过去，没有人知道你的性情，你可以成为任何你想成为的人。"

还记得大学刚开学几天，我兴奋得像一只偷吃过油的小老鼠，带着好奇到处溜达、寻觅，仿佛全世界的猫都死光了，没有束缚，没有忧虑，只有新鲜和自由。穿着丑出宇宙的院衫站在太阳底下参加新生开学典礼；跟着学校合唱团做作地在校园里游走吟唱；参加英语定级考试，和刚熟悉起来的室友同进同出，干什么都跟过年一样高兴。

过几天就被送去军训，几辆大车拉着我们到山区一个荒无人烟的军事基地。夜里睡觉时青蛙跳进寝室；训练中扶着装晕的同学出列然后去小卖部买麦丽素；每次洗澡只有十五分钟，拿着盆子排队苦等；被教官在精神和肉体上轮番折磨，走的时候居然还有女生抱着他们哭着喊不舍得。这是大学生军训中固定有的几个镜头。

军训结束后直接进入国庆假期，等回到学校发现这学期已经过去一个月了，在这一个月里，什么都没有学到，一本书也没有看，一节课都没有上，胡乱加入的社团开始找我们去工作，拉赞助、发传单、筹备活动，说是可以锻炼实践能力，我不禁有点心虚和怀疑，大学生活不应该是这样吧。

那时候，我做了一个跟妹妹一样的决定，找了一位认识的师兄问："在大学里到底做什么更重要啊？"

"社团工作最重要。"作为社团部长的师兄说。

好吧，我问错人了。

今天我被人问起，大学生活到底要怎么过，我反而无法像师兄一样斩钉截铁地说，做什么最正确、最好、最应该，我认为对的那些，只是在毕业五年之内没有被推翻而已，它并没有在更长的岁月里得到验证，也没有被死亡考验。

我问自己，如果可以重来一遍大学生活，我会希望自己做什么？

第一，就是读书。

找那种读完之后能让自己想一会儿的书读，不管是什么门类，大片大片地读过去，就像机器收割麦田一样，去收割那些聪明人的思考成果。

读书的好处一百万人有一百万种说法，可做消遣，可做谈资，可修身养性，可以足不出户阅遍山川河海、世事人情。我自己感受到的好处是，读书可以让人变聪明。读书让你头脑中拥有了更多的信息，这些信息有些是知识，有些就是别人的感悟和想法，全部以点状存储在脑子里，形成四通八达的联系。别人看到 A 就是 A，但是你会想到 BCDFG，看问题和做事情会考虑得更深刻和更全面，别人看到对就是对，你会怀疑，因为你看过更多的信息可以证明它是错的，由此你拥有了判断的能力。

相比上大学以前和毕业以后，大学是读书的黄金时期，有大把的时间，有一座藏书无数的图书馆，有一个学习的氛围和环境，最好能在这个时期养成好的读书习惯，例如做读书笔记，读书一定要做笔记，做笔记也有方法，找到自己最喜欢用的一种，把读书变成一件既享受又有用的事情。

第二，我希望自己有"一技之长"。

古人说，学成文武艺，货与帝王家。这句话到现在也适用，什么叫"找工作"，我没有任何资源可以给别人，只有自己，自己的全部聪明才智和专业特长。找工作就是把自己像商品一样出售给社会，换取生活和投资的资本，这是我们这些没钱没背景的人最紧迫的需求。

然后就要考虑，毕业时在千百万的大学生中凭什么你可以被"购买"，你独特的卖点是什么？你是否符合消费者的需求？例如一直想要去投资银行工作，那么在那里工作的人都有哪些特质和条件，你是否具备？是否需要考证？考证的意义除了掌握一些知识和技术之外，还有一个就是将来在人才市场上流通时，某项技能是贴了质检标签的，当然会增加说服力和竞争力。

除了找工作之外，在每年的毕业生里也有一批人GPA很漂亮被保送到清华北大（不要说自己的学校不够好，我还有高中同学是从西部二本学校被保送到清华的，只要成绩够好）。有人英语好，托福考满分申请国外名校，还有人一直在研究和复习公务员考试，从几百万考试大军中脱颖而出。

哪条路更好，哪条路更值得努力，更有前途，判断的标准太多了，学习也好，考证也好，做好任何一件事都会有回报，只要有那么一个方向是"长"的，就可以避免沦落到没有选择权的境地。

在这个社会上人分为两种，一种是工作较为定型的，他们未必在意自己的工作内容，也不在意自己的工作成果对社会和他人的影响，他们只是按照老板和公司的标准在生产产品，然后换取月末薪水而已。还有一种是可以在创造自己认可的价值的人。

我要尽量去成为第二种"人"，在做选择的时候，更体面、有更多钱赚都可以是标准，但是最重要的标准是认为自己在做有意义的事情，把自己的"一技之长"在认可的事情上发挥得淋漓尽致，这样既可以得到外界的肯定，又能有内心的满足安宁。

第三，谈至少一段恋爱。

在大学谈恋爱，不仅干净美好，而且有用。抱歉，这是个很功利的角度。

从小到大老师和家长都在强调学习，学习之外的所有事情都是不务正业，早恋更是十恶不赦。他们把大学之前的恋爱都算作早恋，把工作之后的结婚都视为晚婚，要求我们从十八岁到二十五岁之间，学习考试找工作，外加嫁给一个踏实可靠的人。

没有接受过任何恋爱方面的教导和指引，父母仿佛认为这些事情顺理成章，然而恋爱本身是需要学习和练习的，它不是一见钟情后王子和公主幸福地生活在一起那么简单的事情。我人生中第一次约到喜欢的人，去之前几乎一夜没睡觉，坐在电脑前抄写小笑话，本意是用笑话作为调剂以免第二天的会面太过尴尬，没想到在我丢出一个又一个的冷笑话之后，场面比不说话还尴尬，最尴尬的是我后来才知道，这个角色是男生应该担当的。

我们都知道碰到一个真正喜欢的人概率非常低，那么如何在人群中识别他，如何留住他，难道不值得学习吗？我们都说谁没有在年轻时爱过几个人渣，在年轻时爱上人渣并不稀罕，也不值得懊悔，但是如果始终都在跟人渣纠缠是不是值得反思？在真正恋爱之前，我们对恋爱和恋爱对象充满想象，这些想象并不能帮助我们在恋爱中得到幸福，只有真正跟一个人恋爱和相处，才会了解，自己到底适合什么样的人，如何避免被伤害和欺骗，如何处理跟恋人之间的矛盾，甚至，如何去吸引自己喜欢的人。

我不希望自己在父母和年龄的逼迫之下稀里糊涂地嫁给一个并不合适的对象，不希望自己遇见一个人渣被他抛弃之后还自暴自弃、不能自拔，更不希望自己被言情小说、电视、电影造了一大堆不现实的梦，然后站在原地等到不能再等。至少去感受三段恋情吧，一段用来打破对异性的想象，一段用来对套路和伤害免疫，最后一段用来跟一个灵魂相契和性情相合的人温暖相守。

第四，英语要好。

在上大学时我看过几篇连岳的文章，他说，学好英语，不用好到当工作语言，至少基本的听说读写要过关。英语现在是世界语言，资讯及观点的富矿区，而且是一门不需要审核的语言，它是翅膀，想飞就得有。

我有许多时刻感受到英语的重要性：毕业参加外企的面试时，想出国时，浏览国外的网站时，想读一下路透社的新闻时，查询外文文献时。但是我也必须说，对大多数我的同学来说，毕业多年之后其实早就跟英语绝交了，学习英语的最后一刻就是六级考试通过时。不学不会怎么样，井底之蛙必然是不需要飞翔的，只有当你有能力往更大的世界去时才会用到翅膀。"三国杀"里面每一个人物都有各自的技能，大学生能拥有的技能并不多，英语就可以成为其中一个，不过就跟玩游戏时一样，只有在发动这个技能时你才能感受到它的重要性。

第五，写日记。

在备战高考时我们每个人都有一个错题本，这个错题本上分门别类地记录着我们在学习和考试中犯过的错误、丢掉的分数。就算没有错题本，我们也会把写过的试卷订起来，标出错误的试题，然后在考前看一遍提醒自己注意。

减少错误是应对高考最重要的策略之一，错误本身并不重要，重要的是出错的原因。

题目是有限的，出错的类型更是有限的，如果可以把错误的原因一个一个地揪出来消灭，错误自然就不会再犯，"零出错"就会成为一个巨大的优势。

在人生头十八年里，像我们这样所谓的"好孩子"完成得最好的事情就是学习，除了考试，我们什么都没学。

进入大学之后我们才逐步丢掉考试机器的身份，以一个完整的人的身份生活，生活中可学习和要学习的事情比高考前还要多，学专业技能，学穿衣打扮，学为人处世，光说话这项技能就要学习一辈子，而且没有老师，全靠自学。

要学会把日记本当作高中时的错题本一样用，遇到优秀的人要写下他身上值得学习的地方，说错话得罪人要注意总结说话的技巧，学习到新知识更要分门别类地记录在日记本上，日记本帮助你反思和总结，旁观自己的生活，这样你会越活越聪明，越活越明白。

有些人，一辈子都稀里糊涂、混混沌沌的，始终不成长，在一个地方吃亏到死还不能发现和改正，更别提什么发展和成功，年龄对他来说只是一个变老变蠢的过程，好了伤疤就忘了疼。

我有一个箱子，里面装着近十年的日记，每次搬家都带着，日记本让我清楚地知道自己经历了什么，改变了什么，学会了什么，感受了什么。更重要的是，当你开始想要写下自己的生活时，就意味着你在认真地对待它，没有打算浑浑噩噩地过。

第六，减减肥吧。

为了藏起来肉肉蝴蝶袖所以要穿长袖，举手的时候要时刻记得拉衣服因为害怕露出小肚腩，自拍要仰头这样就可以消除双下巴，我不想你再经历一遍这样的时光，在最好的年龄里"东躲西藏"。

大学校园里，成千上万名男孩女孩被集中在这里一起吃饭学习，来来往往都是激素嗞嗞作响的异性，这是貌美最有优越感的一段时间。

二十多岁的身体，原生野长的五官，只要不是肥胖邋遢，穿淘来的便宜衣服也遮盖不住地青春好看。无须深刻的年龄里，越是这种肤浅的快乐和骄傲，越值得怀念。

亲爱的妹妹，二十几岁的迷茫，并没有什么立地生效的解法，就像年少时的叛逆，孩童时期的啼哭，是必须经历过才能处理好的事情。

我最迷茫的一段时间听朋友讲起韩寒来，大概是文思枯竭，韩寒曾一两个月不出门，躲在家里打游戏，打得醉生梦死、一脸胡楂、萎靡不振。不知道吹嘘认识韩寒的朋友说的是不是真的，但是我坚信：可能每个人的人生都是这样，一场雾后一场天晴，一场梦后一场清醒，抬头看路的迷茫和低头做事的坚定总在交替进行。

我们都得熟悉这个模式，看不清方向时不害怕，干脆坐下来，想一想，停下来，转一转。大多数人的迷茫都是因为知道得少，你得有耐心去了解世界，更需要去探索自己，你是什么性格的人，想要什么，到底在喜欢什么，爱着谁，只有当你对这些问题有了明确的答案时，内心才有了坚固的秩序，以后无论身处什么境地，够不够优秀，有没有成功，都知道如何看待自己，看待别人，不慌不忙、不迟不疑地走下去。我挺看不起一种年轻人，不确定自己喜欢的是否值得追求所以不敢行动，行动时又不确定自己是否做得到所以随便放弃，最终把自己推到不得不如此的境地，还常常不甘心。

　　我不喜欢像一个面目可憎的过来人一样对你谆谆教诲、耳提面命，然后又忍不住把自己的想法推心置腹地说给你听。

　　我希望你在大学里像自由自在的风一样浪漫轻盈，又担心你没有为将来的艰难险阻做足够的准备。

　　八十七岁的美国老头唐·赫罗尔德写过这样一首诗：

　　　　如果我能够从头活过，
　　　　我会试着犯更多的错。

　　　　我会放松一点，我会灵活一点。
　　　　我会比这一趟过得傻。
　　　　很少有什么事情能让我当真。

　　　　我会疯狂一些，我会少讲点卫生。
　　　　我会冒更多的险。我会更经常地旅行。
　　　　我会爬更多的山，游更多的河，看更多的日落。
　　　　我会多吃冰激凌，少吃豆子。
　　　　我会惹更多麻烦，可是不在想象中担忧。

　　　　你看，我小心翼翼地稳健地理智地活着。
　　　　一个又一个小时，一天又一天。

　　　　噢，我有过难忘的时刻。
　　　　如果我能够重来一次，我会要更多这样的时刻。

事实上，我不需要别的什么，

仅仅是时刻，一个接着一个。

而不是每天都操心着以后的漫长日子。

我曾经不论到哪里都不忘记带上：

温度计、热水壶、雨衣和降落伞。

如果我能够重来一次，

我会到处走走，什么都试试，并且轻装上阵。

如果我能够从头活过，

我会延长打赤脚的时光。

从尽早的春天到尽晚的秋天。

我会更经常地逃学。

我不会考那么高的分数，除非是一不小心。

我会多骑些旋转木马，

我会采更多的雏菊。

　　我希望你在大学生活中采更多的雏菊、放轻松、犯错、冒险，有更多的难忘时刻，就像青春电影里常演绎的桥段：翘课，失恋时跟朋友一起喝醉，在考试前两周四处借笔记熬通宵学习，在社团中找一个温柔干净的学长恋爱。

　　不要去在意那么多鸡毛蒜皮，不要太过于在乎他人的感受，因为没有这么做，所以这成为我青春里唯一觉得后悔的事情。

　　当然我也知道，生活不是由一个一个时刻组成的，并不是把这些欢愉时刻堆砌在一起就是全部的幸福生活，生活是连续的，有过去，有未来，有原因，有结果，有条件，有责任。吃炸鸡开心，患糖尿病却是痛苦的；瘦是开心的，减肥却是痛苦的。更何况我们在年轻时都有自己的骄傲与野心，都有放不下的较劲，都渴望证明自己很行。每一个阶段都有当下最在意的，后来的经验是由当下的经历所得，所以过去的选择容易出错，这是一件无解的事情。

有人劝你，开心就好。有人劝你，奋斗最紧要。

这些话，连同我的话在内，你都不要轻信，你也都可以相信，只是要先敲敲自己的心。

你现在在意什么，就去争取什么，未来也可能遭遇对自己的否定、否定、再否定，但这就是人进化的过程。

过去的岁月只有两种意义

▼
▼

> 有益的事情让人往后的日子都受惠于此,而有些事情,看起来没什么好处,当下的感动、悲恸让人终生难忘,那就会变成回忆。

一个许久没人说话的群有人发来一条消息。

是一条新闻,题目叫作《海淀路小区的清北考研人:住在鸽子笼,一考五六年》。

阿欢在下面回复:看完想起 2012 年那段时光。

亮亮说:如果他们住的叫鸽子笼,我的屋子只能叫作鹌鹑屋了,哈哈哈哈哈。

我们这个群是 2012 年在北大三教 510 教室的考研群,群里一共九个人。

2012 年 8 月份,我打电话给大哥。

我跟他说,自己还是很想去北大读书,决定考研,请求总部的最后一次资助,需要租房和吃饭。

大哥并不看好我去备考研究生，他说："每年那么多人考北大，凭什么你就能考上呢？这风险太大，你再耽误一年，工作也不好找。"

我说："我都知道的。我一定能考上的。"

那段时间真的很煎熬，毕业典礼之后的几天，朋友们纷纷从宿舍搬走，各有归宿。如果你曾毕业过，你就能明白一个不想去工作，没有出国，也没考研的人在那段时间的心理感受，如鱼在岸，特别想找个有水的地方扎进去躲起来。

辅导员给我打电话说我的党组织关系要转走，我问："我应该转去哪儿？"她说："应该转去下一个单位。"我说："我没有下一个单位。"

考研期间我和朋友住在北大东南门对面的一个筒子楼里面。

楼道里能闻到 20 世纪六七十年代生火做饭后经年不散的油烟味，顶上的电线覆盖着黑色的尘污，我们住的房间跟大学宿舍一般大小，里面摆放着几件落满尘土的旧家具：两个简易的上下铺，两张桌子。家具已经看不出原来的颜色，屋顶隐约可见蜘蛛网。

我住进来之后才发现环境比看到的还要恶劣，夏天的时候一开门就能闻到楼道里厕所的臭味，每次经过那个脏乱的厕所都收起眼角的光不想多看一眼，里面一串哗啦啦的水声是打工的女人们在弯着腰洗头。冬天的时候窗户关不上，我们只好用胶带把窗户全部封起来，就这样还透风，半夜被窝不暖和，醒来双脚冰凉。不知道是不是不通风的原因，我身上开始反复地起荨麻疹，晚上痒得睡不着。

看房的时候，房东还问我们，能不能接受这么旧的房子，要不要再看看？

我们俩互相看了一眼，说："能！"

我们只想早点开始复习。

花了一个下午的时间大扫除和消毒，我们俩把蜘蛛都赶到隔壁，把蟑螂都从下水道冲走，没有衣柜，行李就堆在上铺。

第一次看到蟑螂，我抱头鼠窜，到后来再看到，就面无表情地抬脚踩死。

住的地方归置好之后，就去北大寻觅上自习的地方，在教室里逛了两圈，迅速认识了几个很有经验的考研前辈，他们是去年甚至前年就在这里考研的，经过他们的指点之后，这一切才算准备好，开始安心复习。

外面是花花世界，考研却仿佛是旷日持久的修行。

每天早上七点多到达三教510教室，晚上十一点回到住的地方睡觉，周而复始，绝无例外。三教是外来考研人员最喜欢去的教学楼，510是其中唯一一个常年不上课的教室，而且没有安装监控，不会用来考试，考研书可以堆在桌子上不用收。

这个教室在楼道的角落里，很小，只能容纳十余人，我和室友小迟都是从对外经贸大学来的，我们又吸引了几个对外经贸大学的考研同学过来，朋友带朋友这么一聚就有十人左右，形成一个团结的集体，守望相助，监督学习。

有一天早上我一进门发现里面坐了个陌生人，心道：不好，抢座位的来了。

这个男生戴一个大红色的耳机，左右印着 b 字 logo（标志），后来被我们称为"2b 耳机哥"，2b 耳机哥把我们朋友的书扔到讲台桌上，然后好像什么都没发生过一样坐在她的位置上安静地看书。

我走到他跟前说："大哥，这个位置是我朋友的。"

他说："谁来得早这位置就是谁的。"

考研人是一个江湖，是江湖就有规矩，这里的规矩是座位谁占了就是谁的，平时偶尔睡过了一上午不来上自习也不打紧，放一堆书在桌子上，抽屉里也塞得满满的，更有椅垫、水壶等生活用品，还有带枕头和毛毯的，像我这样的励志狂魔，还会在桌子上贴字条写上我的理想分数"420=130+135+80+75"，每一个座位都渗透着其主人的风格和习惯，看上去地久天长的。等到教室管理员要求清理，才会有一轮新的抢座位战争。

我吵架功夫是不行的，只能等着其他朋友来，七八个人围着耳机哥又是苦口婆心地劝说，又是冷嘲热讽地逼迫，耳机哥岿然不动。

在我们束手无策的时候，从身后突然伸出一只拿着水杯的手，把水直接倒在了桌子上，水里还掺着麦片之类的东西，恶心坏了。

抢座之战随即结束，耳机哥败退，收拾东西离开了教室。

我们默默地把桌子擦干净，朋友把书抱回来重新摆放好，虽然战胜，但没有谁特别高兴，都是考研的辛苦人，互相为难罢了。

那只手是 X 同学伸出来的，X 同学是一个温柔冷静的男生，我们七嘴八舌的时候他站在人群外沉默不语，没想到一出手就是大招。

X 同学是我带到这个教室来的。

在我考研复习差不多一个月的时候，中午从三教出来去吃饭，看到一个熟悉的身影骑着自行车过去，像我的大学同学 X，我马上飞奔追上去叫他下来。

复习生活实在是太无聊、太压抑了，每天超过十小时对着那几本书，一章一章地背，一章一章地做题，再没有别的事可做，此时看见一个只能算得上熟的大学同学，好似见到了亲人一样，更令我好奇的是他已经离开北京去外地工作了，怎么会骑着自行车在北大穿梭。

我们坐在长椅上聊天。

X说："这次来北京是办点事，正好借住在北大一个朋友这里，没想到碰到你。"

他问我："你是在这里考研吗？"

我说："是啊，很无聊的。"

X说："我比你还无聊。"

他毕业之后回到老家当公务员，办公室小得多他一张桌子都没地方放，最后只好在科长的办公室加了桌子，科长本身就很闲，他坐在科长旁边比科长还闲，上班就看报纸，连报纸缝的广告都不放过，这样都熬不到下班。

X说："我小时候玩电脑玩不够，我妈总管着我，咬牙考上了大学混到毕业，生平的最大理想就是找个不忙的工作，每天打游戏，所以毕业后爸妈叫我回家，我也没什么犹豫的，没想到一个月就过够了这样的生活。"

接下来的半小时，我都在鼓励X同学跟我一起考研。

他从小擅长打游戏，而我从小擅长鼓励别人，最终他放弃了打游戏决定考研，回老家办好了辞职手续，就来了三教510教室。

很多人都说，考研比高考容易，但是考研比高考更孤独，更考验人的心性，尤其是工作后考研。

没有人带你复习，你要自己制订学习计划；没有所谓的学习氛围，你周围每天都有人在放弃；考研场上充满了失意人，他们中有些人已经考了三年还没考上，长期浸泡在书本里的人脸上神情有些呆滞，穿着也是邋里邋遢，看上去一点希望也没有。

朋友都已远走，都在新生活里蒸蒸日上，只有你一个人在时光中止步不前，我们考研人都很有默契地几乎不与外面的朋友联系。

度过四年浪漫的大学生活，心境早不是十七八岁时那般单纯专注，看书时常常心神不宁，越堕落，越焦虑，恐惧前途无望，容易埋怨自己无用。

这段生活当然是苦的。

一轮复习下来，参考书都被我翻烂了，只好又买了一套新的，书里面密密麻麻地标注着数字，意思是这个知识点在哪一年考过，考过几遍，怎么考的。背书背到忍无可忍，只好做点题来让自己休息一下，状态调整好了再去背。

可我同时又觉得每天都很高兴。

我是一个挺喜欢考试的人，因为沉迷于这种感觉：有一个明确的目标，并且知道怎么做，只需要付出全部的努力就好，简单明了，没那么多迷茫和胡思乱想。

还要感谢有510这帮朋友在身边，不然那段岁月会难熬十倍。在漫长的一百多天里，我们每天都泡在一起，结伴吃饭，回到自习室互相逗乐大声笑，分享零食，毫无保留地给对方解答问题，一个本应该沉闷压抑的考研教室，反而常常充满了欢声笑语。

亮亮是一个说笑话从来不好笑的人，但还是每天绞尽脑汁地给我们讲笑话。他备考的是北大光华，最终调剂到北大软微，跟他一起调剂的是阿欢。阿欢是个女孩，不住在北大附近，每天坐地铁一小时来上自习，十点半自习结束，再坐一小时地铁回去。

杰是X带来的，也是对外经贸大学的同学，在复习期间最在意的事情是像小窗户一样的六块腹肌，他备考的是清华五道口，成功录取。

X 备考的也是五道口，第一年失败，第二年再考，成功录取。

化学姐原是北大化学学院的毕业生，工作五六年后再考北大光华，长得像董洁，人瘦脸还小，是个可人的小美女，可是经常穿拖鞋来自习室，吃得又多，气质离董洁越来越远，离我越来越近。我们经常到学五食堂点香锅吃，一吃吃一盆，她后来考研失败，便接受调剂。

室友小迟备考北大汇丰，成功录取，第七名。

还有从河南来北大备考的 Z 同学，大半夜他给我们打电话说跟楼下卖麻辣烫的打架进了派出所，我们慌慌张张地跑去派出所救他，那时候离考研只有一个月而已，最终他考研失败。

对了，还有 2b 耳机哥，据说有人最近还在三教看到了他的身影。

我备考的是北大法硕，当我在网上刷出来那个超过分数线很多很多的成绩时，整个人从凳子上一下弹起来。我想把这个消息通知大哥的时候发现手机坏了，怎么打都打不开，跑到隔壁去借手机，站在楼道里说第一句话时就哭起来了。

我流着眼泪跟哥哥说："我还是考上了。"

无法评述那段岁月到底值不值得，无法评述那个选择是对还是错。

过去的岁月，只有两种意义，一种是有益，一种是回忆。

有益的事情让人往后的日子都受惠于此，而有些事情，看起来没什么好处，当下的感动、悲恸让人终生难忘，那就会变成回忆。

至于那些记都记不起来的无聊岁月，算是白活。

在鸽子笼里的考研岁月，是有益的，是值得回忆的。

至苦至甜，永生难忘。

北大三教里有一批批前赴后继的考研人，每年都在重复这些破釜沉舟的奋斗故事，除了成功上岸的人之外，有人在失败之后从头再来，也有人放弃回家。当下是否有比考研更明智的选择？或许是有的。

我不知道他们会怎么想，是否后悔，个中得失，有时候连自己都无法确认，更用不着听他人评说。

我与北大这些年

> 这段岁月未曾负我，愿我也不负这段岁月。
> 记得，就是我最高的敬意。
> 我会用余生感受这段岁月在我身上的投影。

已经忘记了，是从什么时候开始立志考入北大的。

打开我高中日记的第一页，是 2005 年 8 月 31 号高中入学的第一天，就已经在纸上明明白白地写下了"向北大进军"。

小时候只模模糊糊地知道北大是中国最好的两所大学之一，或许是从老师家长的嘴巴里听说，或者是电视里听过的一个名词而已，其遥远程度不亚于神话传说。

第一次对北大有画面感是在初中语文课堂上，语文老师用清脆悦耳的女声朗诵课文《十三岁的际遇》，文章的作者是一个在十三岁时被北大破格录取的女孩子。

"纷扬的白雪里，依稀看到她穿着蓝色羽绒衣，在冰冻的湖面掷下一串雪团般四处迸溅的清脆笑声。"

同样十三岁的我，坐在座位上听得心驰神往，北大这个词在这篇文章里充满了诗情画意。

后来我在学校门口的旧书摊上买到了《穆斯林的葬礼》这本书，书里有几个章节描写了女主人公新月在燕京大学的学习生活。

这本书里描写的女孩和北大更美。

白雪纷飞的冬天，新月去备斋找楚老师，她踩着粉妆玉砌的石阶，踏过被白雪覆盖的小桥，站在湖心小岛上，在寂寂的大雪中听楚老师的飞扬琴声，书中最后一句远景描绘这个画面："洁白的燕园，洁白的未名湖，洁白的小岛，漫天飞雪中，伫立着一个少女的身影……"

看完这本书之后我那颗想要去北大的心更灼热。

那时候我对北大的憧憬，更多源自少女情结，而非名校情结，类似于灰姑娘向往水晶鞋。

等我上了北大之后，发现来到这里的百分之九十九的人都曾以它为目标，大概这就是心向往之，行必能至。

我第一次踏进北大，是高中时代的一场出逃和冒险。

北大对我来说是那段枯燥苦闷的学习生涯中的全部指望，有一段时间觉得自己太辛苦了，太艰难了，我对自己说，我想去北大看看，就现在。

那几天恰巧是端午假期，我联系了我的朋友 H，问她可不可以跟我一起去北京，她说："好啊，我可以去北京找我姑姑。"

晚上八点她骑着自行车载着我去我班上一个同学家里借照相机，同学的爸爸慷慨地把照相机借给了我们，还教我们怎么使用。那个晚上我捧着照相机坐在她自行车的后座上，穿越城市的一条条街骑向火车站，路灯穿破黑夜，黑夜如梦如幻，一切都那么不可思议，从小到大，我去过的最远的地方就是念书的城市，从未坐过火车，从未去过一个人都不认识的地方，从未在父母不知道的情况下做过如此胆大的事情。

现在从那时我所在的城市坐高铁到北京，只需要两个小时。但对十年前的我来说如同异国他乡，上小学的第一天，我们就学习了《我爱北京天安门》，但是我的亲戚乡邻，甚至父母，都没有去过北京。

然而，我说我要去北京，于是我揣着一百块钱就去了。

如此顺理成章。

我们并不知道怎么乘坐火车，等我们到了火车站已经是夜里十一点了，售票员告诉我们当晚所有去北京的票都卖完了。

可是我们要去北京，我们现在就要去。

路人好心地告诉我们，如果买一张站台票，就可以上火车。

我跑去售票窗口买站台票，工作人员又不肯卖给我们，她说："现在站台票已经取消了。"

我和 H 后来每次回忆起这件事情，她都感慨我从作为一个小孩时就体现出的执拗和鲁莽。她说："你还记得吗？你赖在售票窗口不肯走，一遍一遍地请求人家卖一张站台票给你，后来还哭了，售票阿姨看你可怜，最后卖了两张站台票给我们。"

我说："我曾经是这么难缠的小孩子吗？"

她说："是。"

…………

拿到站台票的我们后来挤上了一趟十二点五十分的火车，那是从南方来的一趟过路火车，那是我第一次看到火车，它沿着铁道一路呼啸而来，停在我面前，距离我只有一米远。

我们跟一群等待上车的乘客挤在门口，在火车门打开的那一刻一拥而上。我找到群众中最薄弱的地方突击进去,像一条鱼游进海洋里,左顾右盼地找到了一个可以站立的比较舒服的位置。

等我回头一看,H没有跟上来,我着急地大声喊她。她跌跌撞撞地跟上来,还一边喘气一边质问我:"你跑那么快干吗?"

火车上都是从南方去北京的民工,K开头的列车,要晃五个多小时才能抵京。我们在过道上铺几张纸就坐下来,搂着自己的包,还背靠着背睡了一会儿。

早上六点,天蒙蒙亮时,到达北京。

但我不知道怎么去北大,十年前没有智能手机,也没有地图导航,我只能就近问一个阿姨北大怎么走,她说:"哦,你买我一份地图我就告诉你。"我说:"多少钱一份?"她伸出两根手指在我眼前晃。

我掏出两块钱给她,她塞给我一份地图,带着一点行骗成功的得意心情说,就在我站的这个地方等公交车。

我怀着一份朝拜的心情登上了公交车,丝毫不在意她的阴险狡诈。路途中H一直在我耳边讲话,我都充耳不闻,像一个信徒一样保持安静。

到了北大站,我先下车,H跟我分开,去找她姑姑。

我是从东南门进去的,初春的早晨,湿气若有似无,风微凉,天光还没有洒落干净。北大显得宝相庄严,肃穆又安静。

这一天,我是爱丽丝,在梦游仙境。

从进大门开始我就掏出照相机拍照片,拍学生做活动拉起的红条幅,拍停在大门道路两旁的自行车,拍未名湖、博雅塔、湖边的桃花、塔旁的野草,拍早上六点多就在湖畔晨读的勤奋女大学生。路过图书馆的时候我想，这就是《十三岁的际遇》里提到的图书馆，作者说，这座图书馆里有四百多万册图书，这让她感到绝望，她读过的书连这个数目的零头都不到。

十六岁的我读过的书，可能连她的零头都不到。

不过给我冲击最大的地方不是图书馆，而是教学楼。

我找到一座教学楼迈进去，从进门开始就感觉到这里的教学楼与我所在的高中不同，一般高中的教学楼最多的就是摆满桌椅板凳的教室，布置简单甚至简陋，墙壁贴满了励志标语，没有人情味，充满压抑感，一切都是为了更好地学习。而这里的教学楼所有的设计好似都是为了学生的方便和舒心，这里的走廊被设计得温暖明亮，教室里桌椅崭新，窗明几净，教授在台上自顾自地讲课，下面同学们或听或不听，还有人在喝豆浆，玩手机，下课后提着杯子到楼道里打开水。

我一边拍照一边想，在这里写作业太幸福了。

去上厕所的时候我顺便把吃午饭的问题解决了。

事情是这样的。

我从厕所出来，看到一个光头、穿僧袍和芒鞋的女孩在洗手池前洗手，我问她："姐姐，你知道去哪里可以吃饭吗？"

她说："你不是这里的学生吗？几句话问清楚了我的来历后，她很爽快地请我去食堂吃饭。"

她带我去农园吃饭，这些地方都是我后来去北大才逐渐清楚的。隐约记得是在农园三层，自取的素食，有红薯和青菜、两份米饭。

我们边吃边交谈，聊天过程中我知道她叫"心乐"，读高二时决定出家，现在在北大修习一些佛学课程。

我问她："你们修佛的人怕死吗？"

她说："我正在学习不害怕。"

用餐完毕后她用饭碗接一碗白水，一滴不剩地喝下去。吃完饭的碗，加上水，是刷碗水的味道。她笑着说："我们都习惯了。"

吃完饭她带我去一教上佛学课，一教不同于现代化的二教，一教是一座飞檐翘角的古风建筑，我们进教室的时候已经没有几个空座位了，来听课的不仅仅是僧人，还有其他专业的学生，甚至还有情侣结伴来听。

大家坐定之后老师就进来上课了，心乐告诉我，这个老师是周学农。

老师在课上给学生讲的是《道论》，每个人都听得津津有味，老师讲一段就会提问，学生会很自然地坐在座位上畅谈自己对某段经文的理解。在第二节课快要下课的时候，老师提出一个问题："为什么佛祖基业可以永世长存，但是其他东西，比如情爱名利财就是转瞬消灭的？"

学生从各个角度发言完毕后，老师说："先休息一下，这个问题我下节课再讲。"

然而这个答案我听不到了，下课之后我必须得赶去火车站，跟我的小伙伴会合上火车。心乐告诉我，从西门出去坐一趟公交车就可以直达西站，我走之前认真地跟她告别，我说如果我以后考上了再来找她，还把自己身上的巧克力送给了她。

至于周学农老师那个问题，我到现在也不知道是什么答案，因为不知道答案，所以到现在还记得那个问题。

而且我后来在北大再也没见过这个老师，也没有见过心乐这个人。

从北京回到学校，好像什么都没有发生过，高三的生活在继续，教室后面的黑板上已经开始按照天数倒计时，气氛越来越紧张，但是我们都有点手足无措，不知道要多努力才算跟这种气氛相配。夏日傍晚从学校大门进来，迎面的教学楼灯火通明，上千名的学生都安安分分地填充在每一个小格子的窗户里，为高考做最后的冲刺，这种情形很多年来都没有变化过，每一届的学生都有这种经历。

我去照相馆把照相机里的照片冲洗出来，一张一张地粘在日记本上，日记本变得很厚，每次不想学习的时候就掏出来翻看一遍。

跟北大的一场相逢后来变成了告别，我最终没有如愿以偿地考入北大，并且在北京读书的四年中，一次也没去过北大，直到我考研究生为止。

从 2013 年到 2016 年，我在北大整整三年。

在这三年里，每一分钟我都觉得，很庆幸自己曾经那么努力过，否则一定会后悔的。

毕业典礼的当天，邱德拔体育馆里上千人合唱《燕园情》，前排的女生失声痛哭，百感交集中我问自己，三年的北大岁月，感受最深的是什么？肯定不只是四季变换的湖光塔影。

不知道是与我所学的专业有关，还是精英本身的特质使然，这里的人，于社会、于国家有一种莫名的使命感。

《燕园情》的歌词这样写：

> 红楼飞雪，一时英杰，先哲曾书写，爱国进步民主科学。
> 忆昔长别，阳关千叠，狂歌曾竟夜，收拾山河待百年约。
> 我们来自江南塞北，情系着城镇乡野；
> 我们走向海角天涯，指点着三山五岳。
> 我们今天东风桃李，用青春完成作业；
> 我们明天巨木成林，让中华震惊世界。

燕园情，千千结，问少年心事，

眼底未名水，胸中黄河月。

每次唱到"眼底未名水，胸中黄河月"这句，小小的我内心就会注入满满的家国情怀，巨浪澎湃。

毕业典礼上前辈和老师致辞说担忧我们能否适应充满风险和挑战的原生态法治环境，但依然鼓励我们成为勇敢的人。

同学发朋友圈送毕业祝福："愿我们都能获得有意义的生活，并有勇气保护他人生活的意义。"

除此之外，我在北大感受到一种"多元下的自由"。

朋友曾感慨过当代大学精神之功利，每个同学都像一盒即将出厂的牛奶，急于获取各种认证，四六级证书、CPA证书、证券从业资格证、托福雅思托业。从大二开始他们就会寻求各种实习的机会，毕业的时候带着一份塞得满满的漂亮A4纸简历，就好像牛奶裹着合格的出厂证书一样送到消费者——各大企业手中。根据简历上的内容，他们会被分为三六九等。有一些是经典优质盒装奶，有些就是百利包。

整整四年，同学们都在抓住飞逝的光阴，为着出厂的一刻做准备，努力变成一盒优质的牛奶。

在北大，我看到了许多不同的人，有的学生毕业后是社会精英甚至是国家总理，也有许多看上去自由而"无用"的灵魂、痴迷读书的呆子、堕入空门的修道者、离经叛道的作家，连一个学院的教授，也因流派不同吵得面红耳赤场面难堪。少见则多怪，屡见则不鲜，慢慢地就会习惯不随意否定任何一种人，也开始学着不害怕成为任何一种人。

从北大离开，意味着我的学生生涯就此结束。

这三年里，有太多忘不了。

说好了跟阿敏到图书馆去上自习，两个人却在楼道里争执了一晚上"中国到底需要什么样的民主"。

冬天楠哥喊我去未名湖滑冰，我们俩哆哆嗦嗦地牵着手在冰上慢慢溜达，被旁边风驰电掣的人吓得尖叫。

法理学的教授在秋天的好天气里带着我们在静园草坪上坐成一圈读书。

自习时捡到一张纸，上面写着一名大二理科生的作息表，严密地计划着从早上六点到晚上十二点的学习时间，让我感慨"比你优秀的人还比你勤奋"这句话。

为了写论文，我抱着从图书馆借来的二十多本书一步一步挪到公交车站。

有个男孩写信给我，说我在自习室睡着的样子很可爱。

这段岁月未曾负我，愿我也不负这段岁月。

记得，就是我最高的敬意。

我会用余生感受这段岁月在我身上的投影。

曾经最努力的我

▼
▼

> 知道自己能够像变态一样忍耐和努力，
> 就算是摔在烂泥里也能爬起来，
> 就算是走到山穷水尽之处也还是能走下去。

我看过很多描述高中的青春片，但都没有共鸣，堕胎的、恋爱的、发疯取闹的、干净清新的，都没有。

从电影院出来之后我会想，可能有人的青春就是这样吧，但绝对不是我。

我的青春，也有高压之下疯狂滋长的少年心动，有偷偷翻起的杂志喜欢过的明星，有跟朋友闹别扭又和好，还有一些乱七八糟值得发笑的小想法，但是这些都不是那段时光的主要事情。

青春于我而言，真的是一场奋斗。

读高中的那段时光，几乎是我人生中最努力的时光，每一个努力的细节我都记得。

那时候的我在班上是一个有点奇怪的人，每天都不怎么说话，以自己的节奏单调地忙碌着。

早上在宿舍还没开灯的时候，我就摸着黑起床，到宿舍楼门口蹲着读英语，等宿管阿姨醒过来开门。

冬天的早上太冷，我缩在被窝里不想起床，头一天晚上在床边放上毛巾和一盆冷水，早上一有意识就用毛巾蘸冷水拍在脸上。

风雨无阻地去教学楼前面的小亭子里背《新概念英语》第三册，北方的冬天早晨气温低，洗脸的时候水溅到头发上，伸手去摸，刘海都冻成了冰。《疯狂英语》的封面有一张照片是李阳穿着军大衣站在大雪天里念英语，不知道他有没有这么做过，但是我做过。

为了保暖，我穿上我妈给我买的厚棉裤，把校服裤子撑得鼓鼓囊囊的，上楼都费劲。朋友都笑话我，我一点也不介意，穿衣服对我来说只有一个目的：保暖而已。

开始早读之前我大声地喊："我是刘媛媛！我想考北大！"豪情万丈地开始一天的学习。

拿着书手太冷，我就把书放在绿化带上面，冬天快要结束的时候，绿化带放书的地方陷下去一个凹槽，我发现后特别惊奇，不知道是不是自己总放书压出来的，这件事我讲给朋友们听，他们都不信。

中午放学后我搬一张板凳到讲台一侧的窗户下，把历史书翻开，开始逐字记忆。历史老师说，希望我们把课本熟悉得连小字部分都能清晰地报出是哪一页的哪一行，我居然真的照做了。有一次背书背得走火入魔，有一个放学没走的同学走过来问我："刘媛媛，你在干什么？"我抬头莫名其妙地跟他说："我要考年级第一名。"后来我居然真的考到了。

背四十分钟的书就去食堂吃饭，这时候同学们都吃完了，可以节省排队的时间，不好的是，只有剩菜。我没有心情去挑食，随便打两个菜，迅速解决完回到宿舍，稍微午休一下。

在学校的主席台上,我对着空旷的操场复述过整本历史书,这种记忆方法,记得牢又有成就感。有时候我在学校操场的跑道上背书,从起点开始一遍一遍地看,到终点之后合上书一边背刚才记忆的一段一边往回走,如果没有背下来,就要从终点重新开始,一直到一字不差地复述出来才可以回到原点去。

我从来不在乎班上的八卦,不与同学们为了生活琐事争辩,胸中仿佛有一片海,无论发生什么事情,都能沉没其中归于平静。有一次我在学校门口的书摊上买报纸,被老板误会没有给钱,我说我给过了他坚决不信。我想,我不能在这里吵架、发怒,与他耗费的时间和精力一块钱买不到,要把这时间拿来做更重要的事,于是我掏出钱,又给了他一次,心平气和地回到自习室做题。

暑假学校宿舍关闭,但是图书馆开放,我住在亲戚家门诊后的出租小屋里,坚持去学校上自习。睡在闷热的不足十平方米的小屋里难以入眠,我发短信给我最好的朋友,说我特别想你,以此来消除深夜的孤独。

能够忍受一切别人不能忍受的辛苦,但是并不觉得痛苦。每一次全力以赴地努力起来,就会觉得内心充满了力量,神挡杀神,佛挡杀佛,整个世界都是我的。

这充满动力的状态不是谁在逼迫我,是我自己始终渴望有更精彩的人生,想去北京念书,想要变得更强大,然后独自走去更远的世界,我的父辈不敢想的世界,任何人都无法给予我的世界。怀揣着这些想法的小小少女,像是在肚子里揣着一个小小胎儿,每天都听着他的心跳,独自承担,独自欣喜。

你有过这种怀揣着梦想的感受吗?

是那种心无旁骛、刀枪不入的感受。

每一个有梦想的姑娘，内心都有一块等待春天的花田，那里有她的心血、她的希望，她用尽全身力气去守护，根本不理会周遭人们的狂欢、愤怒、失意或者误解。她常常显得孤独坚忍又有精神，从不以物喜，从不以己悲，像一只不知疲倦的蜗牛一样，一直保持着看上去慢且愚钝的努力，坚定不移地迈向理想之地。

多少年后，当我翻开我高中时代的日记和笔记时，看到自己认真地安排着早起晚睡的努力，看到自己在日记里一遍一遍地鼓励自己，写对自己的满意和不满意。

如果今后的我对待自己的人生有任何的疏忽，都会觉得自己配不上曾经的自己，配不上那些认真和努力。

2006 年 3 月 24 号，我在日记本上写下：

> 从操场回来的时候，我看到行政楼灰暗的墙壁上爬满新鲜的爬山虎，浅浅的绿色，在灿烂的阳光下明晃晃的，死灰色的水泥墙和新鲜的爬山虎，绝配。
>
> 春天到底是来了，北大的春天是什么颜色？北大的未名湖开始泛波了吧。
>
> ⋯⋯⋯⋯

后来，我真的来了北大。

北大并没有我想的那么好，但是北大的春天真的很漂亮，未名湖倒映着博雅塔，湖边会开一枝一枝的桃花。

二十三岁的我如今走在校园里，回想自己曾以未名湖和博雅塔为梦，有前尘隔海的感叹。

似乎有许多人的高中都如同我一样，并没有什么生死不移的恋爱故事，也没有抽烟、堕胎、疯狂、叛逆。

我们看起来是最像学生的孩子，头发剪到露出耳朵，校服穿得整齐妥当，每天读书学习，看起来毫不特别。

我们总是充满了克制和隐忍，反复鼓励自己，要求自己，有时候也会怀疑自己，平静的外表下藏着一颗不安的煎熬着的心。

到最后，不管是跑、走还是爬，我们终于到达了那个让人又期待又害怕的终点。

最后的那一场考试，我的心情很难形容，三年只看这两天，我都不知道自己应该拿出几级战备状态才配得上这种重要性，因此反而有些麻木。考完后并没有狂欢，而是怅然若失，一直以来追求的目标，仿佛北极星缓缓降落，接下来不知道做什么，好像完成了什么，又好像没有做什么。成绩出来的那一天，妈妈和我一遍一遍地拨查询分数的电话号码，终于接通的那一刻，我们屏住呼吸生怕某个数字没有听清楚。

尘埃落定，一锤定音，这三个数字代表高中三年结束了。

我去学校拿通知书的时候遇到许多同学，得意或失意，而后各奔东西，其中许多人，竟然从此再也没有见到过。

跟朋友回想起那段时光，我曾开玩笑说，如果可以回到过去，一定要在那个午后的教室里，拍拍那个发困后站在教室后面听课的少女的肩膀，让她回到座位上睡会儿，告诉她，你已经做得很棒了，你可以休息一会儿了。

我说："那时候我真的好累。"

朋友问我："那如果真的可以回到过去，你会选择轻松一点吗？"

我说："不会吧。比累更肯定的是，我并不后悔选择了这样一种拼命的方式活过那段时间。"

不只是因为得到了一个尚可的分数，还是……

你看过李连杰和谢苗的电影《赤子威龙》吗?

早上警察爸爸和儿子刷完牙以后，就把脸浸在洗脸水里憋气练功，比比看可以憋多久。

这个镜头很多 80 后都模仿过。

人生中最拼的那些时候，就好像自己把自己的脑袋摁进了水里，憋着，忍着，在这个过程中，忍耐力被撑到极致，不断地刷新自己的底线。

然后人会变得勇敢。

知道自己能够像变态一样忍耐和努力，就算是摔在烂泥里也能爬起来，就算是走到山穷水尽之处也还是能走下去，所以什么都不怕。

让我用一生去证明鸡汤的正确性

▼

在那些前路迷茫的黑暗岁月，确实是靠着给自己一口一口地灌鸡汤，去从别人的经历中得到鼓励，找到希望，才硬着头皮走下去的。

我向来能理解差等生的心态，因为我曾经也不爱学习，学习是那么无趣无味的一件事，更何况我们一点也不擅长，那一道道看起来复杂又陌生的数学题，那些区分起来琐碎复杂的英语语法，挑战起来根本无从下手，钻进去实在是需要太多的信心和勇气，就算没有电视机、游戏机、手机，坐着发呆，也比打开练习册做那些对我们来说艰涩难懂的题要好。

上初中的时候，因为在数学希望杯课上说话，我被老师罚站着听课；因为没有写物理作业，被物理老师赶出教室。高中时好了一点，但基本上也是个没有人会注意的成绩不好的女生。

虽然浑身充满了不服气，但是像大多数有心无力爱做梦的人一样，总是不知道该怎么努力，也不想努力。

直到高一的那个下午，我在图书馆的书架上翻出来一本叫作《一个叩开牛津大门的高二女生》的书，现在看来，那本书简直是粗制滥造胡写一通，却深深地震撼了我幼小的心灵。

在我读初高中的时候，市面上狠狠地流行过一阵子《哈佛女孩刘亦婷》，不过我看了之后基本上不会产生什么向她学习的欲望，书中更多展示的是她条件的优越与父母教育的出奇，例如申请学校有美国大律师推荐。里面有一个细节，我记得很清楚，书中写到她复习托福很辛苦，为了节省时间，妈妈每天都打车接送她上下学，让她在出租车上可以睡一会儿，然而这么简单的事情对当时的我来说都是不敢想的优越条件。

这个牛津女孩最励志之处在于，她全是依凭自己，默默地完成了这样一件与众不同的事情。为了有足够的申请时间，自己提前学完了高中课程，利用课下的时间疯狂地学习英语准备托福，准备申请材料。

书中有几句话被我一字一句地抄写在日记本上，几乎可以背诵下来，都是形容她努力的词句。

晚上学习到很晚，第二天上课她很疲惫，就跟老师申请站在教室后面听课。

去成都读托福考试班，住在亲戚家，把世界名校的图片贴了满墙，上课途中被车撞到剐伤，去医院检查了一下没事就如常去上课，没有告诉任何人。

她喜欢看《灌篮高手》，因为酷爱里面那种永不言败的精神，复习托福期间，在自己的日记本上写：天要让我行，永不言败。660。660是她的托福目标分数。

我们向来知道自己跟那些优秀的人的差距，却很少能够直观地感受到自己跟别人之间努力程度的差距，当一个人把自己全部的奋斗细节都明白地告诉你，你好像就能够把与他之间的差距"具体化"，明确地知道怎么做是更好，也知道自己居然做得这么差，而且难免会去想：如果我做出与他同样的努力，是否可以得到同样的结果？

那之后，我像是一个忽然被通了电的机器一样，开始凶猛地转动，不知疲倦地昼夜苦读。

高一的期末前夕，我第一次主动拿起那些被老师按期发下来但是我一个字都没有动的《数理天地》报纸，把里面的数学题一道一道做了下来，不懂的就问老师，厚着脸皮问，从刚开始的没有几道题会做，到后来得心应手。做完所有的报纸之后居然还有一周多的时间才到期末，又简单地看了一遍文综科目。

这是我生平第一次为考试做出主动的系统的准备，而不是像以前那样，随波逐流地写写作业听听课，还常常因为不写作业被老师拎出教室，然后在考试来临时听凭天意。

如果你真的为一件事做出过切实的努力，你会非常期待结果。

我无比盼望期末考试的来临，以检验自己努力的成果。

我最终的成绩是年级第十二名，数学考到的题型，我都做过。

在这之前，我的成绩是一百八十多名，而全年级也只有二百多人而已。

发布成绩那天，当时的室友抱着我说："刘媛媛，你创造了一个奇迹。"

只要相信，期待就会成真。

这是《海豚湾恋人》中的一句台词。当我还是一个少女的时候把这句幼稚的话写在我的日记本上，后来也对它嗤之以鼻过：又不是有魔法，凭什么相信就可以成真？

但是在做到的那一刻，明白了这句话的道理所在。

人只有在相信自己时，只有在觉得有希望时，才愿意付出自己全部的努力。

从上高中开始，我暑假就不怎么回家，留在学校学习或者实习，大二暑假还跑去保险公司兼职卖保险。在那一个多月内，顶着骄阳酷暑跑遍了全北京的郊区，顺义、延庆、怀柔、密云，只要没出北京市我都去，每天回到寝室时衬衫已经湿透后又干了。

但是最令人难受的不是辛苦，对一个十八九岁的敏感少女来说，这份工作最令人难受的是被拒绝。

每天打二百个推销电话，打得耳朵发热，从战战兢兢害怕被拒绝打到完全麻木。对于在电话里表现出兴趣的就千方百计留下对方的地址，准备第二天登门拜访。

记忆最深刻的一次是跑到房山，从学校到房山要先坐公交车到地铁站，然后坐到最后一站地铁出来再转公交，结果到了房山那边天开始下大雨，一打开包发现忘了带伞，下车后我站在公交站牌下内心一片茫然，怎么办啊，回去太不值了，而且通过电话里的语气可以判断出对方貌似有点兴趣，绝对不能回去。在公交车站牌下面等了一会儿来了一个小三轮车，然后我就给了他五块钱让他把我带到要去的那个地方，是当地的一个法院。

在电梯里我认真打好腹稿一会儿怎么介绍产品，结果我花了一上午的时间冒着雨找到的这个客户，连说话的机会都没给我，他说："你放下资料就可以走了。"我弱弱地问："我能不能给您简单介绍一下？"他说："不用了，我一会儿还有事。"

我就站在那里，一句话也说不出来了，只能转身离开，走进电梯就开始放声大哭，不是埋怨客户不买，是一种莫名其妙的委屈，从法院大楼出来大雨还在下，三轮车也没有了，我心想：钱也没赚到坐什么三轮车，就把自己的包顶在头上哭着走到了地铁站。

回到学校天都黑了，第二天还照常去公司打电话，这件事并没有让我退却，反而激发了我空前的热情，连这样的苦都吃得了，那我还怕什么？我成了新人里每天打电话最多、拜访客户最多的员工，最后也成了销售单数最多的员工。

佣金到账的那天，我请朋友去东门吃火锅，一边把菜往锅里放，一边跟朋友讲自己遇到的好玩的客户，甚至谈到了那个拒绝我的法院大叔，我大笑着说，到现在还是很想去把他暴打一顿怎么办。

那一刻，我真的体会到了那句鸡汤：那些曾让你哭过的事，总有一天你会笑着说出来。

很多人都说我是个很励志的人，也曾有人带点鄙夷的意思，说我是个满口鸡汤的人。

这些我通通都承认，我比任何人都更相信励志和鸡汤。

前几天高中同学来看我，她说："真的很羡慕你，你现在有自己的公司，而且这么年轻，就可以把家人都照顾好，我连自己的生计都要发愁。"

我说："你也可以的。"

她摆手说："我不行的。坚持太难了，况且北京藏龙卧虎的，多的是比我聪明、比我漂亮、比我学历高、家里有背景的，坚持还不一定有用。"

在高中没有努力，所以才去了一所普通的大学，在大学没有努力，所以毕业时一无所长、四处碰壁，不舍得付出任何一份可能会落空的努力，所以在每一个本可以做得更好的关头都不坚持，于是把自己推入了更难的境地。

　　我一直喜欢并且相信"天道酬勤"这种话，不然呢，放弃吗？不然呢，靠谁呢？除了依赖自己的努力之外，并没有谁可以依赖，除了相信未来之外，并没有谁可以相信。正因为相信不屈不挠的努力，相信战胜一切的年轻，所以才能经历千辛万苦坚持着从我们那个小地方一路考到了北京最好的大学之一，所以才有勇气从一个从未参加过任何演讲比赛的自卑姑娘，变成一个视频点击量一亿多的演讲者。而**在那些前路迷茫的黑暗岁月，确实是靠着给自己一口一口地灌鸡汤，去从别人的经历中得到鼓励，找到希望，才硬着头皮走下去的。**

　　这也是坚强的一种方式。

　　我愿意用我的余生去证明，鸡汤的正确性。

　　从而让我身后的那些比我跑得还要慢的人明白，努力和坚持是多么有用的事情。

要和比你努力的人在一起

▼
▼

> 比你努力的人并不是你的对手，
> 比你牛 × 的朋友都是你的贵人。

在我上小学六年级的时候，语文老师是一个古板的老爷爷，每天都要求学生抄两张纸的字，可以写任何东西，抄课文或者去辅导书上抄近反义词，都行，只要能写满两张纸。平时一天两张，假期是四张，寒暑假开学一交就是一百多张。

我并不是调皮捣蛋的小孩，不敢不交作业，但是我写作业就图一个"快"字，耍小聪明，偷工减料，最喜欢写多音字，多音字有一个大括号，一个多音字可以跨两格，眼睛一闭狠狠心，也可以跨三格，一张字写下来，松但是满，老师看到了也不能说什么。

有一次下午放学忘了什么原因没有回家，看到隔壁班有个女孩把桌子搬到门口（我们小学并不是楼房），趴在那儿写作业，我走上去偷看，她在写每天的"两张字"，抄写的是近反义词，密密麻麻的一大张，连中间那个横杠都画得很短。

我当时站在那儿，第一个想法是，怎么有人这么傻，这样要写多久才能写完啊。

继而觉得很羞愧，同样是写作业，她写得认认真真的，我却胡乱应对，这样积年累月下来，她会比我多学到很多东西吧。

我在回家的路上终于想明白了这个问题：写作业到底是为了什么？

后来我抄写"两张字"时再也不随便偷懒了。

考研的时候我跟小迟一起住。

小迟的父亲在她备考前去世了，这事她从来没说过，但是我一直都知道。她看上去总是心事重重的样子，非常努力，为了找到更好的学习状态，她经常拿着书去别的教室学习，或者去外面背书，到教室关灯前才回来，然后我们一起收拾东西回家，洗洗睡觉。

在冬天的早上起床很困难，我们住的房子是 20 世纪 60 年代的筒子楼，窗户关不严，暖气给得也不够，每天都要拖着冻冷的双脚，靠着坚强的毅力穿衣服洗脸。有一天我睁开眼睛看到窗外下大雪了，心里特别开心，想着今天是否可以多睡一会儿，等雪停了再去自习室。

然后在一片安静中，我听到小迟窸窸窣窣的穿衣服声。

我考试的压力比她小很多，因为我有很大的把握可以考上。但是作为毕业才考研的人，我们同样没有退路。

每天都有相应的学习任务，今天不学，明天加重，我向她学习，不敢偷懒，快手快脚地穿好衣服。

为了防止弄湿鞋子，我们在脚上套上塑料袋，踏着厚厚的雪去学校，走到半道鞋跟就把塑料袋踩破了，雪水很快就进入鞋子里，透心凉，到了教室之后发现一多半人都没有来。

那个上午我们也没能学习多少东西，就坐在暖气边上烤鞋子了，但是大家都很高兴，因为发现"自己居然是这么努力的人"，忽然增加了一些信心。

认识的一个地方台的编导，是从北京著名的传媒学院毕业的，当年找工作的时候义无反顾地回老家，我问他："怎么没想着留在北京？做你这个行业，明明在北京发展得更好。"

他说："当时也有机会留在北京，不过人才少的地方容易出头，我喜欢到水浅的地方当大哥，不喜欢去水深的地方当小鱼。"

上高中的时候，他本来有机会去尖子班，但是主动跟老师申请拒绝了，到尖子班里吊车尾，还不如在普通班里当第一名。

但是现在他后悔了。

他发现自己回了老家之后，专业技能一直没有什么提升，跟他一起工作的人都图个安稳，做不出什么像样的好东西来，他感觉自己的才华被浪费了，尽管在台里是一个被看重的人，但是那又怎么样呢？对比他的同学们，他成长的速度很慢，这让他焦虑起来。

我跟他恰恰是相反的人。

我喜欢到竞争激烈的地方去，我喜欢跟比我更努力的人在一起并且享受那种压迫感，这样才能更大限度地激发潜能。前几天跟妹妹聊天说到减肥，妹妹说，她每天晚上十二点睡觉，六点起床，早上跑十圈，晚上跑十圈，坚持了很多年，精力充沛，不用午休。我感慨妹妹的努力，检讨自己对待这件事情的懒散，也试着在自己的早起时间里加晨练，发现效果确实不错。

如果发现自己总是跟一群令自己觉得舒服的朋友在一起，心里反而要警惕一下：自己最近是不是没有任何进步？

　　并不是叫自己去跟别人比，恶性竞争只能让彼此身心俱疲。我曾住过一个互别苗头的学霸寝室，一个赛一个地拼，晚上你十二点回寝室那我便要一点回来，你两点回来，那我就在麦当劳熬通宵，有个姑娘学得筋疲力尽背着包回寝室，发现寝室黑着灯，扭头就走。

　　比你努力的人并不是你的对手，比你牛 × 的朋友都是你的贵人。

　　我们真正的敌人，是生活的考验，是自己的懒散，并不是说要比周围所有人都强都棒，才能成为人生的赢家，而是要向那些比你强比你棒的人学习，找到对付自己人生的最佳状态。

　　衷心地希望，我认识的人，我的朋友和同事们，你们都比我厉害一百倍。

　　有时候我觉得自己好像怎么样都加不上油，跑不动，跑不快，有时候未尽全力而不自知，这时候看离我最近的那个人，跑在我前面的那个人，是最有冲击感的，能近距离地观察到他是怎么做到的，是怎么做这么好的，被他们拖着、拉着，刚开始会有点吃力，慢慢地，也就习惯了。

　　回头看看，发现自己已经走了这么远。

如何面对不成功的人生

如果你不逼着自己跟命运死磕到底，
不逼着自己跟这残酷的世界讨个说法，
你就永远不知道自己到底有多强大。

如何面对不成功的人生？首先，什么是不成功的人生？我觉得我，包括你们，谁都不能说自己的人生是不成功的人生，因为你的人生还没结束，你还活着。人们总喜欢在最后一刻还没来临的时候提前给自己判死刑，免去继续挣扎下去的痛苦，但其实，只要我们还没死，我们就只是在人生中遇到了失败而已，你们谁都不许说我的人生是不成功的人生。

人生这场戏，我是你，是你们所有人生命中的龙套，但是我是我自己人生的主角。所以在遭遇失败的时候，在观众给我喝倒彩的时候，我一个人也会唱下去，而且必须要唱下去。

现在的失败，不代表永远的失败，谁都不能遇见你的未来。

高一的时候我是一个差等生，是那种不写作业，自习课说话被罚站，二百多人考一百八十名的差等生，差等生突然有一天异想天开地想要考北大。我把这事告诉全班的每一个同学然后像个神经病一样去努力，冬天早晨，黑洞洞的五点钟，我在学校的路灯下面背书，洗脸的时候水溅到头发上，我一摸刘海都是冰。每天这么坚持，高二的时候我都可以蝉联年级第一名了，但是高考的时候我还是没考上。我失败了吗？是，承认失败多容易啊，比那样日复一日地坚持和忍耐容易多了。但我不服气，四年之后考研，我杀到北大了。

所以啊，人们根本不知道你终将成为的样子，他们就随便地用失败定义你。你不能眼睁睁地等着他们所说的失败发生。**如果你不逼着自己跟命运死磕到底，不逼着自己跟这残酷的世界讨个说法，你就永远不知道自己到底有多强大。**

是，也许奋斗了一辈子草根还是草根，咸鱼翻生也就是一条翻了身的咸鱼。努力的意义又是什么？

努力，能让你坦然地面对失败，让人难受的从来不是失败的结果，我们不能原谅的是那个没有拼尽全力的懒惰的自己。努力，能让你的每一天都好过昨天，最终或许没有你预想的那么好，但是好过什么都没做的最开始的那一天。我常想，如果我当年不是发了疯地想考北大，很有可能我连个普通一本都考不上。

努力，把失败变成一个荣耀的词，一个人，他一辈子不做任何尝试，一辈子不为任何事情努力，他连失败都没有资格遭遇。但是你不同，你做过梦，你发过疯，你哭过笑过奋斗过，爱过恨过后悔过，你在一个并不优越的起点上，在芸芸众生里，用全部的努力做到了最好的自己，谁又有资格说你不成功？

每一个理想都值得用一生去拼命。

理想是没有可比性的，不管你写的剧本是想做叱咤风云的女总裁，还是想当总裁的俏女佣，从这一刻开始努力吧。我们每个人，都比这演讲开始的那一刻，离自己死亡的那一天又接近了五分钟。人生这么短，我选择做那种又盲目又热情的笨蛋，永远年轻，永远热泪盈眶，永远相信梦想，相信努力的意义，相信遗憾比失败可怕。因为，不成功的人生只是不完美，但是它完整。

"漂洋过海"到北京

▼
▼

> 我们现在的年龄，
> 已经无法再用"长大后"来造句了。
> 我们的现在，就是十年前拼命想要到达的未来。

我第一次正式宣布以后要去北京，是在高中的女厕所里，对象是我最好的朋友大宁。

2008 年的春天，我和大宁在不同的班读高三，高三的日子就像一口甘蔗嚼到没有味道，完全是在麻木地煎熬着。操场、走廊这些地方能一眼望穿，不好躲藏，于是我和大宁在学习都没状态的时候就会约到女厕所去聊天，如果被某个上厕所的女老师撞到，我们就立刻假装成刚刚尿完随便寒暄的样子，找机会遁走。

厕所的空气中散发着清晰可闻的臊气，我们在通风比较好的窗户边上聊未来，聊梦想，聊到激动处我双手握着厕所窗户上的铁栏杆，将目光投向窗外的远方，我说："大宁，我们将来一定要去北京，然后站在北京最高的地方，眺望万家灯火。"

我问大宁："你知道北京最高的地方是哪儿吗？"

她说："应该是中央电视塔。"

我豪气万丈地拍一下窗台："好，我们一定要去中央电视塔。"

我和大宁是在高一时认识的，大宁是在开学没几天的时候从理科班转过来学文科的，班主任老张领着一个看起来有点特别的女孩在自习课的时候进班，一下吸引了许多目光。

她穿一件冷紫色的外套，剪了利落的及耳短发，几缕发丝挡住一部分的脸，睫毛长长地搭在眼睛上，面无表情，冷酷到底。2005 年正是《超女》第二届，很流行中性的女生，大宁以其一点女人味都没有的外表伫立在时尚最前沿，还被班上某些女生偷偷喜欢。

其实她就是闷骚，有一段时间她跟人打招呼的方式很猥琐，迎面走来她喜欢戳戳对方的胸部，擦肩而过后她喜欢戳戳对方的屁股。

那时候闷骚这个词刚刚流行起来，被说成"闷骚"的大宁，晚上回家还偷偷百度了"闷骚"的意思，第二天上学对我们说："我还真是闷骚。"

老师当时把大宁带到了我的后桌。那时候真没想到我们之后的人生会像两条直线，在相交之后变弯，再没分开过。注意，此弯非彼弯。我那时候是一个不食人间烟火的学霸，大宁是一个不食人间烟火的"奇葩"，我们因为都不怎么喜欢吃烟火这一点走到了一起。

关于我们认识的过程，我和大宁有不同的回忆版本。

我说："大宁，明明是你在某一天夜自习拿着个本子坐到我同桌的位置上跟我搭话的，你说：'刘媛媛，我觉得你是个挺有思想的女生。'"

大宁说："明明是放暑假的时候，晚上我收到你莫名其妙的短信说挺想我的，我才跟你玩在一起的。"

是有这么一回事。

高一放暑假后我没有回老家，白天就到学校图书馆上自习，晚上就一个人睡在亲戚家的出租屋里，屋子特别小，没有空调，闷热而孤独的晚上我拿起手机给大宁发了一条短信，说：我想念你。

很多人喜欢用闺密来形容女生的关系，说闺密就是嫌弃得不得了但还是黏在一起，大吵一架但是下一刻就手挽手去逛街的那种关系。这些特征我和大宁通通没有，我们三观一致，很欣赏对方，我们不是闺密，而是灵魂的伴侣。

我们认定彼此肯定不是普通人，现在只是时机未到尚且幼小，将来一遇风云便化龙，定会惊天动地。那时候真单纯啊，觉得全世界都是我的，还有她的，Life was like a box of chocolates, you never know what you're gonna get.（生活就像一盒巧克力，你永远不知道下一个是什么味道。）但是我们并不怕，未知的一切都是甜蜜的，仿佛只要长大就什么都能实现，只要长大就什么都能拥有。

我们后来真的来了北京。

在我考入北京后的一年，复读重考后的大宁也来到了北京，她念中国传媒大学的电视摄影系。我们像是两个野心勃勃的战士，离开了故土，到北京这块陌生的战场上会合。

刚在北京团聚的时候，我们俩约了去灯红酒绿、夜夜笙歌的三里屯见一下世面。

小商贩站在街头卖烟，大宁好奇地凑过去看，买了一盒女士抽的烟，细细的烟卷，点燃后她抽了一口，一脸高深莫测，我也抽了一口，有点呛，不是什么好味道，转手就丢掉了。

晚上十一点多我们找了家酒吧进去。

大宁像个老手一样翻看了老半天酒单后说："来杯橙汁。"

橙汁最便宜，三十块一杯。

酒吧里灯光昏暗，驻唱歌手抱着吉他，故意声音沙哑，唱出矫揉造作的沧桑感，但这丝毫不影响我们的心情，我们两眼发光，照亮一切，不知疲倦地交谈，话题与在女厕所聊的相同。

从酒吧出来时是夜里一点多，天空居然开始飘雪。

秋天居然下大雪。

我们俩穿的都是单衣，在冰天雪地里冻得发抖，大宁把她的黑色长围脖解下来把我们绕在一起取暖，路上只有相濡以沫的我们俩在纷飞的大雪里，在昏黄的路灯下，肩并肩轧马路，我借着灯光看大宁的脸，认真地跟她说："大宁，长得丑，就要多努力。"

大宁说："这句话说得好，我晚上回去要写在日记本上。"

经过天桥的时候，我还朝着天桥下的车来车往大声吼："北京！我来了！"四下寂静，满世界只有车子行过的声音与我的一声吼，仿佛一场文艺电影。

我们在路上走了很久，最终找到了一家地下 KTV 过夜，九十九块钱可以唱到天亮，我躺在沙发上睡着了，大宁把电视音量关了静静地坐着看 MV，早上醒来，我们各自乘地铁回学校。

从地铁里出来后我踏着雪嘎吱嘎吱地走回宿舍睡一大觉，醒来后头脑清醒，通体舒畅，仿佛新生。

在北京，我和大宁携手走过了五年多的时光，每次当我们遭遇到一些感触比较深的事情时就会召唤对方，一定要聊到多看对方一眼都腻才罢休。

我见过她许多光芒四射、神采飞扬的时候，但更多的是看到她对成长所有的不适应就像并发症一样爆发出来，病因就是她太酷了、太直了、太慢热了，没有一点委婉和隐藏，她常常会自嘲是一个没有"street smart（街头智慧）"的人，开学不久就得罪了学姐们，大宁在学校遇见学姐面无表情不打招呼，这让学姐很不开心。

大宁还遭遇了最严重的一场失恋，失恋的大宁不会以泪洗面却每日郁郁寡欢，一个人难熬的时候会在临睡前突然打电话给我，说情绪低落想要跟我聊天，半夜她打车来我学校，我们就会去校门口的宾馆开一个房间，聊到有一个昏睡为止。

毕业之后，她留学去了澳大利亚。

走的时候她说："我也不知道自己是否会回来。"

而我忘了为什么没有去送她。

我们的青春就此分道扬镳。

她从澳大利亚寄明信片给我，在明信片的背后她写道：

My soul mate（我的灵魂伴侣），一切都还好吗？你都应付得过来吧。远在南半球的我时时刻刻都关注着你的信息，永远和你在一起。每次一想到我的后半辈子有可能会跟你生活在两个国家的不同城市，我心里都很难接受，不知道你有没有相似的感受。不过还好未来还什么都不确定，希望可以用我们自己的努力过上理想中的生活，而我的理想生活里，你一定不能缺席。

大宁

2014.10.13

收到这张明信片的时候，我刚考进北大，正在安安静静地念书。

我想，她一定会回来的吧。

只有这样，我们才能不缺席彼此的理想生活。

毕业后的大宁留在了澳大利亚，在一个中国老板的公司干活。

中间几次犹豫要不要回国，在回北京尝试了几个月后还是不能适应。

她说，在北京压力太大了，没有户口，将来一点保障也没有，机会与压力一样多，收入和空闲一样少，最终还是返回了澳大利亚。

我有时候期待她能回来。

当我雄心万丈的时候，我会想要我的朋友跟我一起奋斗。

当我从外面回到空无一人的出租屋里时，我会怀念她在的时候，她住在我隔壁，我什么话都可以说。

我有时候又庆幸她留在了那里。

当我觉得疲惫不堪感慨年轻人就是苦的时候。

当我在早晨刷微博看到关于留京人群的孩子上学现状的报道的时候。

遇见她的时候我才十五岁，到现在已经十年有余。在成长的过程中我们的魔法渐渐消失了，互相见证了对方魅力消解，变成平凡的人类的过程。

我们现在的年龄，已经无法再用"长大后"来造句了。

我们的现在，就是十年前拼命想要到达的未来。

大宁，我在十年后知道了真相，原来我们并非什么英雄，我们都成长为最平凡的样子。我也在很努力地学习一些做人做事的方法，起码不会再横冲直撞。

我在北京依然漂泊忙碌，看起来并没有什么不同，但内心已经经过了山呼海啸、沧海桑田的成长过程，去掉了最初的莽撞与自负，慢慢变得成熟，并不是让人看起来聪明机灵或者稳重世故，而是知世故决定不世故，爱生活，虽然知道它的残酷。

你和我都知道，我没有变过。

大宁，我像一朵终于不再飞翔的蒲公英一样，心里已经不再有更远的远方，最终落在了北京这个城市里，在这里努力地生根发芽，像一条鱼投入了茫茫的大海里。我也成了这个城市里某一个忙碌而平凡的身影，在某个街头，某个地铁口，为了理想的生活而沉默向上。我每天认真地读书，尽善尽美地完成每一件工作上的事，为了保持健康和好看正在坚持不懈地节食与健身，已经可以独自养活自己了，生活上的烦恼和工作上的挫折都可以应付得很好，闲暇时间用来与父母相聚，始终看起来很乐观。

心里仍然有一团火焰，这火焰因为经历过熄灭的危险反而变得更炽热。

你和我都知道，我没有变过。

还有一个月我就要满二十六岁了，今年北京的秋天跟我们十九岁时那年的秋天很相似，温度骤降，秋风作怪，风从厨房的窗子里钻进来发出一阵阵呜呼的声音，不知道会不会有一场很早的雪，我已经把羽绒服拿出来了，时刻准备着，左手抱着右手居然也能给自己满满的安全感。

我在北京过得很好。

你在澳大利亚也要努力啊。

每个人都比自己想象的坚强多了

▼
▼

> 对人生开启了 hard（艰难）模式的人来说，
> 活着就像攀岩，平地而起，
> 每一步上升都要克服地心引力。

在豆瓣上看到一个帖子讨论"人生最艰难的时刻，是什么让你坚持了下来"。

我自己人生中最艰难的时刻是什么时候呢？

好像并没有确切的答案，在每一个一败涂地或走投无路的当下都认为是最艰难的，但是未来总向你不定期投放各种炸弹，轰炸你的底线，告诉你什么是更艰难。

十七岁的时候高考失利以为是今生最艰难的时刻，后来证明并不是；

二十岁的时候失恋，以为是今生最艰难的时刻，后来证明并不是；

工作的时候曾经犯过一个大错误以为天要塌了，以为这就是人生中最艰难的日子了吧，后来证明也不是。

人生永远有最艰难的选项出现，无法比较哪一段更艰难。

我可以确定的是，过去最穷的时光是哪一段。

穷可以约等于艰难。

2013 年辞掉刚做没多久的工作考研，考完后回家过了个春节又回到北京等分数，心里一片茫然。

没有在工作，也没有在上学，完全是一个没有身份无处可归的流浪社会人，跟同学朋友已经足足半年没有联系，整日都在饱含焦虑地待着，沉默寡言。

父母早已经进入了脱产带娃的阶段，春节后跟着大哥飞去了广州，二哥直接出差去了三亚。

每年的春节，我们都像候鸟一样飞到老家过春节，春节过后又像鸟一样飞回各自生活的地方。临走前大哥给我塞了一千块钱，我揣着这一千块钱在大年初五登上了火车回北京，暂时借住在二哥的房子里。

二哥是医生，那时候刚来北京工作，薪水微薄，租住在医院附近的一个又破又旧的小区里，楼里没有电梯，房子是那种客厅很小的旧格局，三间屋子分别住了三户人家，除了他之外还有打工的两口子、孩子在附近上学的妈妈和姥姥。客厅常年没有光，一盏昏昏黄黄的灯无论白天还是黑夜都在亮着，厨房的桌子和煤气灶上沉淀着经年不除的污垢，三户人家轮流做饭，油烟永远也散不干净。厕所的马桶脏兮兮的，墙上挂着三个马桶圈，上厕所之前要摘下自己家的马桶圈铺上，没人愿意擦马桶。二哥住的那间屋子很小，需要坐在床上用电脑，衣服洗好挂在屋顶上。

这不是最难忍的，最难忍的是热水器坏了，中介不来修，三家租户也不愿意自己掏钱，所以连澡都不能洗。

到了北京后我就一直盘算着一千块钱怎么花，花完了不是不可以再跟大哥要，但是他已经养了我四年，从内心讲我已经不想再跟他多要一分钱了。工作一时半会儿找不到，过两周二哥就会回来，怀孕的二嫂要来北京跟他同住，在这之前我必须找个住的地方，饭要吃，澡要洗。

我的策略就是每天少吃，只吃两顿饭，然后尽量不动，这样不消耗体力，然后拼命投简历。

解决洗澡的办法就是上团购网团购了一张二十次六百块的健身卡，两周之内洗澡问题搞定，不洗不行。

上午十一点起床，去厨房找出来我哥医院发的面粉和鸡蛋，摊一个鸡蛋饼。

吃完后开始坐在床上投简历，找实习工作。到下午两三点的时候午睡，醒来四点多，走路去健身房洗澡。回家的路上会路过一家豆浆店，买一大袋子散豆浆回家，喝个饱，然后继续投简历，这期间饿了再喝，喝了再饿，饿了再喝。简历投烦了就看会儿电视剧，晚上一点左右睡觉。

这样一周下来瘦了七八斤。

投出去的简历都没有回复，毕竟只能工作四到五个月，如果我考上了，9月份就要开学。

每天都怀着一种弹尽粮绝的恐慌，吃完上一顿不知道下一顿在哪儿。

每天都怀着一种漂泊无依的茫然，不属于任何一个群体，没有任何退路。

就这样过了将近两周，在钱全部花完之前，在我二哥回北京前，通过朋友小 H 介绍我终于找到了一家单位实习，工资不多，但是可以让我花几百块钱租房、吃饭，甚至还可以买几件衣服。

更幸运的是，得知我在找房子，朋友小 H 让我去她那里住，我们把她单人床的床垫搬下来放地上，她睡硬床板，我睡床垫，她说，你不用分担房租，我比你赚得多。

我暗暗告诉自己，要一辈子都记得，这个朋友在艰难时刻帮过我。

后来我在小 H 那里度过了四个月的上班生涯。

虽然住在一个房间里，但是我和小 H 很少能够有时间坐下来聊一聊，在工作日甚至很少可以见到彼此。白天各自上班，晚上八点多我先到家，吃饭、洗漱、上床睡觉。而她一般都要加班到十一二点才能回来，我洗衣服的时候经常带上她的衣服一起洗，她忙得根本没有时间洗衣服。有一天晚上我在迷迷糊糊的睡眠中听到门在嘎吱嘎吱作响，以为家里来了小偷，坐起来从门缝往外看，是她加班刚回来，我看表，已经是夜里两点了，她妈每天都在微信给她转发养生文章，《女白领熬夜加班终患癌》《中年脱发居然跟这个有关？》等，劝她注意身体，好好休息。

太忙太累是一方面，另一方面她的上司是一个严厉得变态的人，她给客户打电话的时候，老板就在旁边竖着耳朵听错误，同事都活在上司乌云的笼罩下，连笑闹都不敢。

有一天上班时间，小 H 忽然打电话给我。

她说："我实在撑不下去了，想辞职，工作环境太压抑，每天熬夜也受不了。"

我说："你想好了吗？你在这个事务所才待了半年，没有积累足够的工作经验，不好跳槽到下一个单位。"

她说："我想好了，真不想干了。"

后来她还是没有辞职。

她说："如果我是北京的孩子，在家闲两个月没事做，不过就是跟爸妈蹭口饭。但是我们这些刚刚开始工作的外地狗，在北京没房子、没亲人、没存款，每口吃的饭，每月住的房，都是要真金白银来换。下一份工作没找到，这份工作哪儿敢随便辞。"

当初进入职场的新鲜感消失殆尽，当我们发现自己离自己梦想成为的那个人很遥远时，当疲惫和委屈涌来时，是靠什么撑下来的呢？

都是一些很基本的谈不上高尚和伟大的东西。

是生存，也是自尊心。

不敢没有工作，不敢任性，不敢偷懒，不敢随便放弃。

没人逼着你撑，你自己都能逼着自己撑下来。

小 H 同学后来变得很牛，在公司被称为"Excel 女神"，工作年年评级为 A，用她的话说："唉，这份工作我已经学习不到任何东西了，连我们上司都没我清楚工作的流程。于是她带着工作经验跳槽到一家基金公司去了，年薪翻倍。"

她早就不是那个初入职场战战兢兢的生涩女孩了，她身上开始有一种理直气壮的强大气场。

只有我知道，她是如何一步一步跋涉过来的，别人喜欢喊累，但是她，加班到深夜十二点回家，还要伏案复习考试，别人从周一就开始盼望周五，但是她，无论是工作日还是节假日，按时起床，从不拖延。别人闲暇时间都刷刷微博、朋友圈，但是她，几乎没怎么打开过社交软件，那些时间，她只舍得花在努力上。

现在的我们都已经很有经验去处理那些艰难时刻了，不会幼稚地想什么"这一定是上天给我的考验吧"，像我们一样平凡的人太多了，上天根本没那个闲工夫理会。也不会相信什么一切都会好起来的，撑过了这一刻艰难，还有下一刻艰难，拨云见日和云遮雾罩常常交替出现。

只是对一切平静接受，用力克服，全心全意地忍耐着。练习瑜伽时身体做很令人疼痛的动作时，老师会温柔地说，接受疼痛，适应疼痛，你的身体就会成长。

好像人们总是特别爱回忆那些艰难的时刻，回忆翻越时的勇气，转机来时的惊喜，事情一点点变好的感觉。

这些都能证明我们曾经是多么棒的人，证明那段无比投入和用力活着的时光。

记得那时候每天上班，从住的地方到公司需要坐十二站地铁，七点半慌慌张张地出门，七拐八拐地从地铁口出来到地面上来，穿过天桥下来，再坐半小时班车才能到公司，这时候已经九点，其中好几次都差一点赶不上班车。

这一路上可以看到楼下卖煎饼的阿姨在打鸡蛋，地铁工作人员把排队上车的人往上推，抢到座位的上班族垂着头打瞌睡。

下班时间是一天中最愉快的，路上可以看到餐厅服务员在后门抽烟，中介公司的员工穿着正装站在路口东张西望，小卖部的老板在玻璃门里收钱，收拾垃圾的大叔翻开桶盖，下班的女孩带着浮粉严重的脸回家。

他们看起来都是渺小的、平凡的，不知道来自什么地方，或许是某个小县城、小乡村，也不知道谁的此刻正是人生的艰难时刻，谁又在昨夜里暗暗哭过，已经不是可以投入妈妈的怀抱寻找安慰的小孩子了，大家都需要自己鼓励自己去打起精神照常完成一天的工作。

每天都在努力地把自己变得更漂亮一点，更智慧一点，更坚强一点，更成熟一点。

理想难酬，恋人未满，除了成为更好的自己我们毫无办法。

对人生处于 easy（轻松）模式的人来说，活着就像蹦蹦床，有来自四面八方的保护和支持，只要自己努力跳一跳就可以轻松在上。

而对人生开启了 hard（艰难）模式的人来说，活着就像攀岩，平地而起，每一步上升都要克服地心引力。艰难常在，忍住就好，多看看别人努力攀爬的背影，多想想自己的一路艰辛。

对这座繁华的城来说，我们是蝼蚁一样的存在，风可吹我，日可晒我，雨可淋我，我精心构筑的生活，有时候很脆弱，轻易就进入艰难时刻。

可我们还在认真地相信：只要自己变得更好，就可以过上更好的生活。

每一个人都比自己想象的坚强多了。

毕业之后，最容易丢的三样东西

▼
▼

> 毕业就像一道门，
> 往里是游乐园，往外是大熔炉，
> 我们从这里走向不同的人生。

我们对于青春和大学的怀念，至死方休。

这种怀念的程度到了随便一部烂片，只要是关于校园的青春电影就可以骗我们进电影院的地步。

在学校附近小馆子里喝掉的啤酒，深夜与同学轧过的马路，谈情说爱的校园情侣，食堂，宿舍，教学楼，操场的草坪，打开水的暖壶，点名签到，期末考试刷夜，社团活动，老师，同学，班花，校园歌手大赛里唱民谣的男生，女生节，一二·九大合唱。

这些都是曾经的好时光。

只是后来毕业了。

朋友说，那些喜欢怀念过去的人，大都是因为现在过得不好。

并没有遇到很爱自己的人，并没有过上自己想要的生活，并没有看到明天会更好的希望，所以，才会疯狂地贪恋过去，并且高估自己的青春。

你毕业几年了？过得还好吗？

很多人都在称赞90后多么勇敢，多么出色，多么不同，其实说这些话的人只是在害怕衰老、崇拜年轻，又或者，他们看到的只是杰出的少数。大部分90后都会在毕业之后，进入一个社会岗位，像一颗螺丝钉一样，默默无闻地工作起来。

从学校到社会，完全是两种心境，很多人都经历过这种变化。

当年我读书的时候，所在的高中是当地最好的高中，校服丑得像空调修理工的工作服。但是每次有人通过校服认得我是一中的学生时，我能瞬间就地变身成一只神气的大公鸡，抬头挺胸。

考进大学，我还是可以乖乖地跟别人说一声，我是大学生，还在念书，坐公交车刷卡打四折，社会对学生有着格外的优待和宽容。

毕业之后失去了"学生"这个身份，变成一个初入职场的社会人，什么都不会，什么都不懂，领导不是老师，同事也不是同学，四面八方的现实会让我们在一次次碰壁之后渐渐变得学着迎合，不服气的通通服气，胡思乱想通通放弃。

四五年之后，很多人的面容都会发生变化，就像一道新鲜翠绿的蔬菜下锅后失去了水分，渐渐地增加一些老到沉稳。

我研究生室友月姐，上学期间彪悍无敌，课间她趴在桌子上睡觉，后排同学打闹太吵，她直接抬手砸过去一本书让他们闭嘴。

可是上班之后被前辈使唤得跟小丫鬟似的，她是公司财务部门的一员，然而每天都要负责给领导端茶倒水，有时候为了帮领导去学校接孩子，她可以下班很早，还曾给领导孩子做英语课作业的PPT（幻灯片）。

如果只是辛苦就好了，领导还经常批评她，"你真的太笨了""做事之前能不能多动脑子""你根本不适合干这一行，你在这一行就是给其他同事添麻烦的""你要感恩公司，给你这种菜鸟工作机会"。

无论怎么伏低做小，都无法让前辈满意，总是战战兢兢，有问题都不敢问，越做错越多。

不再是一个代表祖国未来的花朵，而是一个低眉顺眼的社会白丁。

毕业之后，第一个容易丢的东西是骄傲。

最近有很多朋友跟我说，想找个男朋友，一个人压力太大了，也太寂寞了。

上学期间，一个宿舍五个人，一个班级三十个人，一个年级一百五十个人，都是同状态同步伐的同龄人，上课没有记作业下课还可以问同学，招招手就能叫人一起来刷剧或者打《DOTA》（一款游戏），随随便便就能凑一桌出去吃香锅、火锅和烤鱼，跟所有喜欢的朋友住在一栋楼里。

毕业之后首先面临的问题就是失去了同龄人环绕的生活环境，工作单位的同事上至 60 后的大叔，下至刚毕业的 1995 年的小妹妹，各个年龄层的都有，大家想的都不一样，又都很忙，自己的圈子越来越小，几乎认识不到什么新朋友。职场经也屡屡告诫年轻人：只有跟前同事才能做朋友——毕竟有利益纠葛在那里。

工作一天拖着困乏的身体坐一小时地铁回到冷清的出租屋里，打开客厅的灯，发现放在客厅门口的垃圾桶已经满了，早上出门忘记丢，隔壁住着的人还没到家，一头扎进自己的房间，躺一会儿，掏出手机把有红点的公众号刷一遍。那时候就很希望有个人陪在身边，问问自己，白天工作可顺利，现在肚子是否饿。很想有个人可以聊一聊，就算不聊，知道身边有个人是在关心自己的，也好。

在电脑前拖延着不肯睡觉，又害怕第二天上班起不来床，起身洗漱，准备睡觉，把手机电台打开，主播的声音回荡在屋子里，有时候也听听段子和相声，再也不用担心打扰同寝室的室友，当然也不会有什么卧谈会。

在夜深人静中等入睡。

毕业后容易丢的第二样东西是热闹。

下班后终于可以摆脱工作、同事和领导，没有力气热闹，也没有人可以热闹，放假后不想去任何人多的地方，最好的休息就是待在家里安静地看看书，睡睡觉。

同学聚会，密友聊天，总是会谈到钱。

钱、钱、钱，无论从什么话题开始聊，都会拐到这上面。

毕业后最大的感受就是：缺钱。

在学校时老师带我们学习金融市场宏观经济，讨论社会主义中国宪政法治，没想到走出校门后最先直面的就是为钱所困的生活。

对大多数从农村和小城出来漂泊在北上广的年轻人来说，在头几年的奋斗中钱和理想几乎是可以画等号的，这并不是简单的拜金，而是存身立命需要钱，维持尊严和承担责任也需要钱。

读过再多充满哲理的书，做过再大的梦，也没办法忽略每月缴完房租后银行卡上可怜的余额，也没办法直视父母操劳半生后眼角的皱纹。

毕业那几天我陪着朋友 Z 一起找房子，我们把北京城五环内地铁附近的一居室全部列在 Excel 表格上挨个打电话看房，看了几天就绝望了。北京的房价一路疯涨，但凡稍微合适的房子价格都要近三千，而她的预算不超过两千。一个小区内朝北的房子便宜三百块钱，要签合同的时候她父母打来电话说给她补贴房租还是租一个朝南的吧，不然冬天太冷了。最终她咬咬牙以两千八百元的价格租了一个离公司还算近的小卧室，大半工资都付了房租。

晚上我们坐在小区楼下望着白胖的月亮聊天。

她说，突然觉得自己什么都不是。

比一无所有更让人难过的是，发现自己一无是处。

自己根本没自己想的那么牛×。

越是名校毕业的人，恐怕心理越难以平衡，曾经也是人上之人，在全省考到前百分之二十才能上 985、211，后来发现曾经引以为傲的学历并不能同价转化为赚钱能力，工资上涨赶不上房价上涨，信用卡刷爆也清不完欲望的购物车，才惊觉自己已从金字塔的塔尖跌落到社会底层。

去银行工作的同学说，我毕业的学校还不错吧，我工作单位看起来也很体面吧，为什么感觉自己已经快要累死了，还是跟裸奔一样，什么都没有，买点好用的化妆品还要咬牙切齿地反复下狠心。

大家都像绕着胡萝卜转的驴，绕着绕着就累了。

有很多女生朋友，结婚生子之后，把生活的大部分转移到家庭上，望着伴侣和孩子熟睡的脸，仿佛也没什么不满足，曾经的那些梦想，就忘了吧。

岁月匆忙，来不及多想，人已到中年。

毕业后的我们，最后一个容易丢失的东西，就是梦想。

毕业就像一道门，往里是游乐园，往外是大熔炉，我们从这里走向不同的人生。这一路丢丢捡捡，只有自己知道，自己曾有什么，现在还有什么。

这些话，说起来很丧气，然而必须知道是怎么回事，才会知道用什么方式应对。

我已经经历了两次毕业，已经懂得，毕业不只是喝醉了拥抱，掉着泪挥手。

生活对我们来说，就像打游戏一样，整个换了场景，在新的战场上，要从零开始跟世界较量。

别丢掉骄傲。

在什么都没有的年纪，并没有太多选择的余地，所以面子不能要，里子也要不起，只能低头忙进步，猛学习，愿的是早日学会逢场作戏，早日习惯伏首做低，然后，有能力把这些都一一看轻。

改变不了的，并不意味着接受，暂且接受的，也不意味着认可。

别害怕孤独。

如果一个人连自己都应付不了，又该如何去应付外面的世界？

寂寞可以用娱乐排遣，只是，年轻如此金贵，何必想方设法地浪费？

别忘记梦想。

在风华正茂年轻的时候，我们都一样，恰好很缺钱。

只是有些人是缺钱，有些人是缺乏赚钱的耐心和能力，有些人焦虑的是如何变得更强，有些人焦虑的是不能一夜暴富快速发财而已。

别让钱把你逼得更现实，要让钱把你逼得更务实。

我承认，这个社会远没有在学校那么简单，是否有人脉资源，是否有本钱，是否有工作经验，差别很大，不是只要努力学习，就能取得优异成绩。

在新的跑道上，过去的一切心高气傲和学有所成对于迎击现实的社会都不够看，也不够用，最有用的反而是自己当初与千万人竞跑跨越独木桥时的坚忍悍勇，最有用的是自己那颗虚无缥缈的上进心，好学而勤奋。

这是我依然保有信心的底气。

来日方长，现在说放弃还太早。

▼
▼

克服懒癌:
如何让勤奋小人儿打败懒惰小人儿

心理学领域有一个著名的棉花糖实验。

斯坦福大学的心理学家把一群四岁多的孩子分别留在单独的房间里,给他们每人一个棉花糖,并且告诉他们:如果十五分钟后我回来发现这个棉花糖还在这儿,你会再得到一个,这样你就有两个了。

有三分之二的孩子把棉花糖吃掉了,他们实在忍不住,毕竟棉花糖的诱惑对一个四岁多的孩子来说,并不是那么容易抵挡的。

但是有三分之一的孩子坚持着没有吃。

这些没吃的小孩在监控视频里来回走动,焦虑地扯自己的裙子,捂上眼睛,钻到桌子底下玩耍,使用各种办法转移注意力,他们坚持到了最后,最终得到了奖赏。

很多年之后,研究人员发现,没有吃棉花糖的小孩无论是生活上还是事业上都非常成功,而那些吃掉棉花糖的孩子,大部分都出现了一些问题。

TED 上就可以看到这个视频 [1]。心理学家说，成功最重要的就是"延迟享受"的能力。也就是自律。

那些自控力强的人并不是不喜欢打游戏或者看电影，也知道玩手机、刷爱豆（偶像）视频很有意思，但是他们有能力控制自己把这种放松或者放纵放在完成任务以后。

而我们大多数人都是这样毁掉自己的生活和自信的：提前享受，延迟工作，最后导致无法完成工作或者干脆放弃。

我在上大学时，有一阵子确实感觉自己大脑中的勤奋小人儿死掉了。

高考前可以凌晨五点起床开始背书，上了大学反而不知道应该做什么，对学习没有兴趣，就拿美剧和综艺来填补空虚。

总是下定决心，但是毫无改变，也曾一度努力，却坚持不下去。

学习之外的那些诱惑，就像是实验里的棉花糖，让人无法抵抗。

改变，确实不是下定决心就可以的。

懒惰，也不只是简单的缺乏动力。

不信的话，你可以回想那些听了励志讲座之后动力爆棚的时刻，大多时候并没有带来任何改变对吗？你也可以回想一下，在课堂上听到老师表扬那些作业写得好的人时，自己暗暗下过多少决心，以后一定不拖延，然而下一次写作业还是拖到了草草应付的局面。

有人总是烦恼：我没有学习的动力怎么办？

动力不足本就不是一个问题，谁也不能一年三百六十五天，天天鸡血爆满。

动力的不可靠，正是因为它的不可持续性，所以不能依赖它。

---

[1] 可以去 TED 上搜索"先别急着吃棉花糖"来观看。

我们必须找到一个更有效和可靠的武器，来和懒惰做斗争。

在我们的大脑中，确实有一个勤奋小人儿和一个懒惰小人儿。

《自控力》这本书里提到过，前额皮质就是那个勤奋小人儿。

通俗地说，我们大脑中有一块区域，能够在吃糖和健身之间，让你控制住自己短期的吃糖欲望，去为长期目标奋斗，而另外的一些区域，会让你不知不觉地按照自己的本能和习惯做事。

这说明人天生就有自控力，并不是只有懒的天性。

当我意识到这一点之后，内心觉得很振奋。

如何提高自控力，克服拖延，快速开始自己的工作并且能够长久坚持？

下面这些方法，是我自己适用并且觉得有效的。

第一，一定要找到实现目标的明确途径，清楚每一个行动的作用和效果，这样才会愿意行动起来。

并不是有了目标，就有动力。

就拿高考举例，班上近百人，都想要考个好大学，考出好成绩，大家都有目标。

按照成绩和努力程度推测，基本上可以判定有些人在高考中不会得到一个满意的结果，有些人是想努力，但是底子差，悟性低，根本不知道具体怎么下手，久而久之就成了差生。还有些人知道自己应该怎么做，比如，应该完成老师留的作业，但是他们动力不足，说起来只能怪自己懒，却也没什么好的解决办法。甚至有些人会干很多低效甚至无效的事情，由于看不到效果就觉得疲倦了。其中最离谱的错误是长期偏科，或者看到难题躲过去，做过的错题丢一边。这是我始终不能明白的事情。试问，我们学习不就是为了在高考考场上多做对几道题吗？天天学习自己会的东西有什么用呢？那些难的、错的、弱的才是重点，搞定它们，才能在考场上多一分胜出的概率。

父母说，只要努力，你就能考上好大学；

老师说，只要好好学习，你就一定能考上。

努力、好好学习跟考上好大学之间的联系不够强。

我们要做的，不仅是细化目标，更重要的是一定要把实现目标的途径给找出来，清楚每一个任务的作用。

如果有人告诉我，只要你背下来这十本书，就能考上清华；只要你能把这一百张卷子上的题吃透，你就能考上北大，我就很愿意去做。

如果对于达成目标的路径和期限很清楚，那么当我伏案奋笔疾书的时候，我知道我做的那些题就能让我考上清华北大，我知道自己进行到了什么阶段，还有多少没有完成。这样当我努力的时候就不会像一只蚂蚁在大海里游泳一样，没方向没边际总想放弃，而是像千米赛跑一样，即便我耐力很差，也可以看着重点坚持下去。

准备研究生考试时，我就曾试图把达成目标的任务都明确下来。在复习前先设定理想分数，把需要掌握的知识点列出来，后面标明它们在过去被考的概率，然后像小坦克碾轧一样，一批一批地消灭掉，这过程居然还有点爽呢。

只有当一个目标有明确的实现途径时，我们才有动力去做，尤其是当很清楚自己的行动对于目标的作用时，那么就会更加积极主动。

而且，当我们手上有许多目标时，最有动力完成的一般是已经找出实现方法的那个。比如，我最近手头上有三个目标：写完这本书、减肥、学习心理学。

我每天睁开眼睛最想为完成哪一个目标而努力呢？是"写完这本书"。

少吃一顿饭和锻炼十分钟，对于达成最终目标体重的作用很难看到。

心理学知识太广泛，一直没有去划定范围，列任务，学起来头绪不够清楚。

只有写书，目标是十二万字，每完成一篇，就能看到字数的增加，那一刻心里充满喜悦，所以干劲十足。

再比如说想要有钱这个目标。

大家都很想有钱，那么，你想有多少钱？

我想年薪一百万，但我现在只是一个餐厅服务员，不想下海干微商，也没有能力想出更好的办法。

那么看一下周围谁的年薪是一百万，餐厅经理的年薪是不是一百万？如果不是，那个隔壁高级餐厅的经理是不是？

找出这个人，然后看一下成为他、取代他需要做哪几件事，包括需要学习哪些东西，需要掌握什么资源，需要升几级，怎么做会更快，把过程清晰地写出来。这样每多做一件事，就会知道自己离一百万更近了，比那些整日做着暴富梦的同事行动力强多了。

第二，从想做的事情开始做。

为什么我们明知道自己应该去写论文，但是即便在时间已经非常紧张的情况下，还是会忍不住刷微博？

因为写论文是"难"的，刷微博是"简单"的，写论文是"无趣"的，刷微博是"好玩"的。我们喜欢做那些简单的、直接的事情。

但是刷微博一时爽，过后负罪感非常强。

怎么办呢？

当你坐在图书馆时，内心非常难受，明明是来写论文的，但是根本不想打开电脑，写论文实在是太烦了，一点头绪也没有。

这时候你跟自己商量一下：今天上午不写论文也可以，能不能列一个提纲？能不能做一点不费脑子的工作，比如调整一下格式？

一般情况下，等你做完之后，你就会发现自己好像没那么排斥写论文了。

学习这两个字太讨厌了。

中国学生听到这两个字，第一反应就是不愉快。

不想学习是正常的，但是你也可以从今天应该学习的内容中，找一部分不那么讨厌的工作来做。

这是我近几年用得最好的一个技巧。

每次要开始做一件我非常不想做的事情时，就从一件比较想做的事情开始，或者从那件事情中比较简单的一部分开始。

我告诉自己，既然不想做，那么起码把这个简单的活干了吧，多做一点是一点。

但是往往做完这件简单的事情之后，在成就感的刺激下，我能够再接再厉，去做那件非常不想做的事情。

当我坚持不下去的时候，我也用这个技巧。

比如写东西写得很累，写到了很难的部分，实在不想写了，以前我就会直接放下手头的工作去放飞自我，然后就回不来了。

现在我会在做不下去的时候，换一个简单的任务来做，做完之后休息一会儿，回头再去做难的部分，发现也可以做下去。

这里面的原理是什么，我也说不太清楚，但是确实好用。

第三，如果能及时看到行动的反馈，坚持起来就会更容易。

这个方法是被《游戏改变世界》这本书启发的。

《游戏改变世界》这本书里有一个章节说，玩家之所以能把几乎每一款游戏都越玩越好，是因为他们能够得到持续的反馈。这种瞬时的积极反馈让玩家更加努力，更成功地完成艰巨的挑战。把我们本来就喜欢的事情变得更像游戏，能让我们做得更好，让我们把目光放得更为高远。

游戏和学习当然有不一样的地方，游戏里的几乎每一个细节都在考虑玩家的喜好，生活中我们喜欢做的或者必须要做的事情不会这么讨好我们，过程中必然会有很多不好玩的无聊部分，但是反馈这个方法还是很好用的。

我喜欢写东西，在写这本书时也经历过好几段难以忍受的时间，但是每次写完发给编辑看，他都会给我一个反馈，有时候他会说真棒，有时候他觉得不好，这两种反馈都能让我忘我地投入下一段的写作中，想要写得更好或者纠正错误。

前段时间我考驾照，在网上练习科目一的题目，每做完一套题，一提交就能立刻看到分数。我给自己设定的目标是达到96分，从晚上六点开始，饭都没吃，一直练习到半夜两点，一直聚精会神地做题，一点旁的感觉都没有，直到看到96分弹出来才发现自己已经很累了。这过程中我只等着每次提交后的分数出现，有了分数以及正误，我就很有动力做下一套题，因为我想得到更高的分数。

我深深感慨为什么高考复习不这么设计，不然我一定能考出亚洲，考向世界。

让自己的坚持有回音，会让很多坚持都变得不用咬牙切齿。

好胜心会让你在听到差评的时候更努力，成就感会让你在听到好评的时候继续努力。

第四，周期性坚持。

不要让努力变成一件永无止境的事情。

我们很习惯去下这样的决心：从明天开始，凌晨五点起床；从明天开始，每天都不吃晚饭。

好像一辈子都要这么做，听起来就很难办到。

这样只会让你下意识地觉得努力的时间还有很长，或者觉得太难了而不想开始。

一定要给自己的坚持设计一个尽头。

我每周只学习六天，没有特殊情况的话，周日是绝对不会工作的。所以我每次在周日之前，就会抓紧把自己的事情都做完，好在周日的时候可以全身心地放纵，也会把洗衣服、配钥匙、去银行之类的生活琐事处理一下。到了周一，也会觉得这周很快就会结束，坚持起来并不难。

七天一个周期，一个周期一个周期来，不要想太多。多坚持几个周期，一年也就不知不觉地过完了。

这里还有一个小窍门。

为了避免周一进入学习状态时不适应或者太痛苦，周日晚上就坐在桌子前去熟悉一下周一的事情，稍微做一点简单的任务或者做一个规划。

因为是在周日学习，没有任何压力，而且做这种超出计划的工作，心里会自带愉悦感，另外，因为周日已经开始工作了，周一就会很自然地进行下去，不会一下子不适应，因为无法投入学习和落后于计划而感到焦虑。

第五，别去做任何一个你根本做不到的计划。

你可能会说：喊，谁会去做那种根本完不成的计划啊。

我以前就总是这么做而不自知，而且我相信，不只是我一个人这么做。

人在做计划时会有一种奇特的快乐，仿佛自己已经完成了一样。

例如，我最颓废的那段时间，每天晚上都两点入睡，第二天早上十点起床。

但是当我立志改变的时候，我能做出一个从早起六点到晚上十一点半的学习计划，中间除了吃饭、午休的时间，全部都用来学习。

这也是很多人做计划的方式，喜欢把一天的时间全都规划起来，看着满满的计划表，内心非常满足。

但是这样一个没有余地的计划，几乎不可能完成。

中间但凡有什么其他任务打断了学习，就会造成当天计划的失败，而且即便咬牙坚持一两天，也很难继续。于是内心会充满挫败感。

我在高中的时候做错的一件事情，就是总是想拿一个完不成的计划要求自己，导致自己一直没有成就感，越学越疲惫，学习成了一场自己与自己的斗争。

别去做一个根本完不成的计划。

一定要结合自己现在的水平和实际情况去做一个"一定可以完成"的计划，在时间上留一点余地。

当你发现自己已经可以轻松地毫不勉强地完成这个计划之后，再使用剩余的时间去做点"加分题"。

这样每天可以努力得多开心啊。

第六，找到那些做出错误决定的瞬间。

人荒废自己的一天，有时候是毫无知觉的。

并不是像大家想象的那样，在做每一个放纵的决定时都来回煎熬。

就像网络上一个日本节目里，一个在减肥中的女人号称自己在严格地节食，可就是瘦不下去，说自己可能是那种喝水都胖的体质，结果隐形摄像机拍摄了她的一天，这大姐确实不吃饭，但是一把一把地吃干果，一吃就是一堆。

《自控力》这本书提醒了我一个小方法：记录自己失控的那些瞬间，找到自己失控的原因。

在过去减肥时，你总是莫名其妙地胡吃海塞一天。

现在，就去刻意地记录一下，这一天里都是哪些时刻控制不住自己去吃东西。最后你发现自己在晚饭后最容易吃零食。那么每当到了晚上，你就要警惕了，因为你很容易在这个时间段吃东西。

当你知道有危险时，成功防备的概率就增大了。然后你想想，自己是怎么样一步一步地把零食送到嘴里的？

一般都是在晚上想看电视时，看电视时就忍不住往嘴里塞东西，往冰箱里一看，全是喜欢吃的。

那么你就想办法把这个链条切断，晚上尽量不去看电视，把冰箱里的零食清理一下全部放上黄瓜。

《自控力》这本书还告诉我们，一定要善于使用"我想要"的力量。

当你动了念头想要去吃东西的时候，你就反问自己：我真正想要的东西是什么？

我真正想要的是窈窕匀称的身材，而不是巧克力。

这个小办法偶尔会失灵，但是大部分时间都是有用的。正因为"瘦"和"巧克力"比起来，"瘦"太遥远了，不如眼前的"巧克力"冲击力大，所以一定要把"瘦"调动到眼前来。

以上六点，有些看起来是老生常谈，但确实是我觉得有用的。

只有去实践这些内容的时候，才能体会到它们对自己的改变。

文章中提到的书，如果大家没有读过的话，可以抽时间读一下。

除了这六点之外，还有几点不值得展开的，我一并罗列给大家。

睡眠。睡得好自控能力会强，令人难过的是，这点我也是最近一年才体会到的，以前不是不知道晚睡的坏处，但是当我去观察自己的自控力时，才发现，原来睡得好的话真的会让我自控能力增强。一般早睡早起时，第二天上午的事情都会处理得很好。

情绪。情绪低迷会让我更容易犯懒，心情好但不激动时，更容易控制自己。情绪也是我们容易忽略的一个因素，你可以观察一下自己身上是否也有这个规律。

最后需要说明的是，我很不喜欢去使用什么时间管理的方法让自己勤奋起来，管理时间这件事本身就有点浪费时间，尤其是严格地按照几条几点去做。

我说的也不一定对每个人都有用，你们可以都去尝试，找出其中对自己有用的小技巧来调整自己的状态就够了。

第三章

Chapter
Three

我的美貌
只有自己知道

▼
▼

一直有事做，一生自在活，当回首自己的人生，
有那么一两段故事可以说。够了。

我不相信你，但我相信爱

▼
▼

> 只有提出分手的人才知道分手原因，
> 而每一个被分手的人，
> 都有一份想要问到底的执念。

上课的时候楠哥不好好听课，在我旁边刷微博，看到好玩的还用手肘推推我，叫我一起笑。

她指着自己新关注的一个微博号说："这个音乐老师特别有意思，推荐你关注。"

我瞥了一眼说："这个人我认识。"

楠哥很惊讶："你怎么认识他？"

在亿万微博用户里她逮着一个好玩的推荐给我，我居然还认识，这概率小得足以让人惊讶。

我说："这故事太长了，其实我并不直接认识他，直接认识他的是我的一位好朋友。"

廖一梅曾在一本书里写过，文青的脸上就写着：来伤害我吧，我不在意，我等着痛苦成长呢。

我的这位朋友，因为下面涉及一些不好公开的事情，我们把她叫作X小姐好了，就是脸上刻字的女孩。额头上写着"我想狠狠地受伤"，脸颊上写着"我不用你负责"。

她是一个娇小纤瘦的少女，但总是面无表情，气场与周围格格不入，因此无论是怎样人山人海的热闹场合，你总能一眼找到她，仿佛一支欢快的圆舞曲到她这儿卡了壳。

她与人交谈从不寒暄，不聊衣服，不聊化妆品，不聊任何生活的琐事，开口闭口都是书、电影以及人性，别的姑娘都是展览品，追求人前的好看和可爱，她是一个收藏品，不对外人开放。

X小姐在大二的时候去报班学吉他，遇见了一个美貌多情的吉他老师，吉他老师老帅老帅了，还老文艺老文艺了，总之就是老有魅力了，因此很多女孩喜欢他。下课的时候班上的女同学会围着吉他老师问电话，问QQ，大胆的还会问有没有女朋友，把他围个水泄不通。传闻有一个败家的富二代姑娘因为太过迷恋吉他老师，买了他家楼上的一套房子，放话说：我不能跟你睡在一个房子里，但我要跟你睡在一个楼里。

在这群疯狂的女生里，X小姐显得别样冷静。她也很喜欢吉他老师，但她是文青，做不来那种苍蝇扑狗屎的姿态，这反倒叫吉他老师注意上了她。上课的时候问个什么问题，总爱叫X小姐回答。结课的时候同学们跟吉他老师纷纷合影留念，X小姐没有去，收拾完东西要出门的时候，吉他老师在女人的海洋中伸出一只手拉住了她说：同学，咱们还没有拍照吧。

X小姐笑着回过头来跟吉他老师合影留念，心花怒放，回来的路上一翻照片，背景里还有其他女生乱入伸出的剪刀手。

故事到这里应该就结束了，X小姐从没想过跟吉他老师怎么样。

但是在新年前夕，X 小姐上网刷微博偶然看到吉他老师的留言，问她，最近有没有在练习。

每个女生都觉得自己有点特别，喜欢对号入座，难免自作多情。

X 小姐已经属于比较克制的那一类，在默念了 N 遍"老师一定不是对我有意思"之后，她回复说：在练，新年晚会上要表演。

第二天吉他老师回复她说：有时间的话来一下培训班，弹给我听一下，我给你指点指点。

X 小姐在写了又删除然后又写，反复了好几次之后，最终简单地回复：谢谢老师。

三天之后她出现在了教室门口，抱着吉他等吉他老师下课。

她觉得吉他老师喜欢她。

X 小姐这种女孩，平时看起来冷漠有距离感，但是内心一直燃烧着一把红莲烈火，这把火一旦放出来，能烧天烧地烧开空气。

吉他老师在之后的几天里利用下午的课结束后的一小时教 X 小姐，他很有耐心，有一次下课了 X 小姐没有来，吉他老师还等了快半小时。X 小姐在回忆这一段的时候，眼里有光，她说，她以为老师不会等她，但是当她气喘吁吁地到达看到那个男人坐在她以前上课的位置上等时，她觉得那一瞬间两个人就像阿凡达对接"长发"，灵魂上有了默契。

两周之后吉他老师去看了 X 小姐新年晚会的表演，X 小姐在舞台上穿着松松垮垮的白衬衣和破洞牛仔裤，自弹自唱，看上去是一个如假包换的文艺女青年，吉他老师在下面静静地听，带着欣赏的目光看着她，看上去是一个温柔的绅士。

X 小姐下台之后吉他老师认真地跟她说："我觉得你很特别。"

对文艺女青年来说，欣赏是最致命的催情药，她们平时是一朵孤芳自赏的水仙，她们什么都不需要，只需要别人独一无二的欣赏。

"特别"两个字一下击中了 X 小姐。

晚会结束后，吉他老师带 X 小姐去世贸天阶，他们两个在人山人海中大声地倒数，迎接新年的到来。

X 小姐说，当她数到一的时候她抬头看吉他老师，在亢奋喧闹的人群里吉他老师也只是抿着嘴微笑，伸出手臂环住 X 小姐以防她被别人挤到，那一瞬间她觉得这个男人是她见过的最性感的男人。

文青的思维方式不是一小时、一天、一年，只有一瞬间和一辈子。

X 小姐在那一瞬间亲了吉他老师，然后打算一辈子跟他在一起。

就像电影里演的那样，学校宿舍关门了，吉他老师带 X 小姐回了家。

吉他老师住在一个很贵的单身公寓里，养了四只猫，富裕且有爱心，完全符合言情小说的设定。

可我写的不是青春言情小说。两个人不会侧身在月光下相依而眠，像两只不能回家的孤独蝴蝶。

事实是，自从第二天早晨从吉他老师家里离开之后，对方就开始冷落她，后来干脆再也不联系她了。

但她从此就陷入了一种矛盾痛苦的状态，她想弄明白到底发生了什么，为什么吉他老师态度变化这么快，为什么再也没有联系过她，是她什么地方做得不好，还是吉他老师根本就是一个浑蛋。对于最后一个怀疑她反复地说服自己，他肯定不是一个浑蛋，吉他老师是一个很有道德优越感的人，曾经在海外留学过，对于祖国的弊病、社会的风气很是不耻，是一个有"格调"的知识分子，不会是那种玩弄感情的人。

X 小姐甚至会自嘲地说："我没有理由怀疑他只是为了占我便宜，

因为他随便一招手，就会有一大把年轻漂亮的姑娘上赶着来送便宜，我长得这么普通，如果只是为了这样，真的没必要找我。"

她在反复的怀疑与肯定中煎熬着，我也不能回答她，只能帮她做无用的揣测，在听别人的故事时很容易做判断说谁是人渣谁在受骗，但是当我们看着对方的眼睛，听着对方的话时，很难开口下定论他是一个骗子，为什么会骗人呢，这是好人的逻辑里的缺失与空白，因此想不通。

X 小姐甚至因为这件事情失去了自信，过去的她直率任性、坚定牢固，绝不说任何露怯服软的话。她遇见的所有人都觉得她独特又有魅力。但因为这件事情，她开始怀疑自己。她觉得自己失去了战神的盔甲，失去了护体的光圈，开始变得暗淡软弱。

朋友们都在开导她，安慰她，有时候半夜里还会接到她的电话，听她分析跟吉他老师的每一个细节，跟她一起还原那些场景，反复做无用的推测。就这样，半年之后，渐渐地，她也不再提这件事情。

但是每当在生活中遇到哪怕一点小挫折，她都会有排山倒海的挫败感，这件事情会重新冒出来打击她，你并不够优秀，你一点也不特别，你被别人抛弃了。

她需要反复地说服自己，才能重拾信心。

很快两年的时间就过去了。

在毕业的时候她决定跟过去的一切做个告别，她发了短信给吉他老师，说：老师，你还记得我吗？我是 X。

她并不是想讨个公道或者还在期待什么，她只是想确认一下到底发生了什么。

吉他老师隔了很久才回：记得，你有什么事情？

X 小姐说：我想问你，你后来为什么没有联系我？

如果现在是在拍电影的话，我们大约会看到吉他老师吓了一大跳的表情，他可能无法想象一个女孩因为一夜恋情在两年之后跑来质问他的变心。

吉他老师倒是也很诚恳，说：我只是想玩玩，没想到你很认真，所以不想继续骗你了。

X 小姐没有回。

我问 X 小姐，为什么两年后才想到去问？

X 说，其实我始终没有放下过，隐隐知道答案，却因为骄傲，始终不敢确认。

只有提出分手的人才知道分手原因，而每一个被分手的人，都有一份想要问到底的执念。

X 小姐跟我说，她只是想要一个结果，一个真相。无论这个真相是什么，她都能接受。那种猜测和怀疑的感觉太难受。知道了，就能尘埃落定，就能盖棺定论。

我还记得她描述自己被爱的感觉。她说，当他对她表示青睐的时候，她有一种被击中的感觉，他能在那么多青春少女中认出她，拨开层层人群找到她，她认命了，这种相认就是命。

但是没想到事情会变成那样。

她掏心掏肺地去爱，他回报的温柔全部是技巧，她一往情深地畅想未来，他若有若无的暧昧只是做戏，一切刻骨铭心的回忆在他那里，就是两个字"泡妞"。隔了近十年的人生阅历和恋爱经验的两个人，一个是初入情场的天真小姐，一个是身经百战的套路先生，一个凄惨惨、兵败如山倒，一个挥挥手、片叶不沾身。

吉他老师后来结婚了，生了一个女儿，妻子不详。

X 小姐后来始终没有遇见合适的，她妈妈给我打电话说让我劝说她相亲，早点结婚生孩子，否则年龄再大就不好找了。

X 小姐的故事，能让我想到很多人，包括我自己。

那个理想的、天真的、恋爱大过天的少女，是很多人的模样，或者是很多人曾经的模样吧。她们不了解男性，也不了解爱情中的伎俩，没想过玩弄谁的感情，也没考虑过车子、房子、票子这些问题，她们毫无防备地捧着一颗真心走入一段段或好或坏的爱情中，是否能够幸存，全看对方够不够厚道和好心。

后来这些少女遇见真爱了吗，还是仍然被人伤害？受伤之后是否还要责骂自己愚蠢，告诫自己要明白、要看清、要拒绝、要绝情、要狠心？

跌跌撞撞走出去一段之后，她们终究会懂得，对她一见钟情的大多数人爱的是她的外貌；总能给恰到好处的温柔体贴不一定代表爱她，只能代表爱过很多人；始终暧昧却迟迟不肯确定关系，其实是根本没想过要跟她在一起，只是想要占便宜；不把她带给朋友看，大概是嫌弃她不够漂亮。

她们终究能学会如何在恋爱对象面前表现完美，知道何时任性，何时安静，何时成熟，何时可爱。她们终究会熟悉暧昧的过程、爱情的发生、激情的退却、分手的征兆，以及前男友最好的处理方法，不会再傻乎乎地无私奉献，也没有什么不可自拔。

但是，胸腔中的那颗心，好像再也不会轻易地跳动了。

我亦不知道这个故事讲出来是要说明什么道理，只是祝愿所有曾经犯傻受伤的女孩：

愿她们在受到伤害之后变得聪明，而不是变坏。

愿她们从此学会躲避伤害，而不是害怕伤害。

愿她们到了如今，依然不惧怕虚情假意，还能毫无保留地去爱。

我们怀念的，
总是那些真的爱过最后却没有在一起的人

▼
▼

> 年少相爱是什么感觉？
> 一个灵魂，刺的一声，引燃另一个灵魂，
> 明亮炽热地燃烧，或许脆弱短暂，但用力充分。

2012 年年底我在北大三教备考研究生，清心寡欲，不问世事。

我所在的那个自习室，有十三个人左右，其他人都是考经济类硕士，只有我一个考法律的。经过我的细心研究，考北大的法律硕士的话，只要把一本书完完整整地背下来，就能拿到一个过线的分数。

于是我特别蠢地每天都在背诵那本书，同时我又极其聪明地发明了各种花式背书法。

我把书一页一页地撕下来，把每天要背的部分揣在身上走哪儿都带着，每次要看的时候掏出来都是热乎乎的。

对待背诵我就像一个处女座的变态，书上任何一个角落的文字我都不放过，甚至连前言都恨不得背下来。复述书上的内容时一个标点符号都不能错，错了就要重新复述一遍。简直是一个丧心病狂的背书狂魔。

除了背书之外，我的另一个嗜好就是睡觉。

为了避免跟北大学生抢食堂，我们自习室的人在上午十点五十就进军食堂吃饭，北大十几个食堂挑着吃，爱吃哪个窗口吃哪个，畅通无阻，毫无压力。

如果不幸赶上了他们下课，吃饭就会变得跟打仗一样。看着密密麻麻的学生会变得没有食欲，特别想拿机枪扫射一圈再去打饭。

我知道，我无耻了。毕竟我只是来蹭饭的，居然还想扫射北大学生。但是这个想要扫射一圈再打饭的念头在我入学之后也多次涌上我的心头。

我们是一群北大的边缘人，也就是非北大学生但是在北大学习的人。大家关系特别好，结伴去吃饭，然后一路瞎扯淡回自习室。

在路上扯淡的时候特别有精神，但是一回到教室就像失去水分一样，整个人都蔫了。

那段时间我肯定中了魔咒，只要是午饭后，一踏进教室就感觉魂魄聚不起来，眼神涣散，四肢无力。

用一个字形容：困。

困的结果就是从饭后十二点可以一觉睡到下午两点。

睡得无比郑重其事，无比身心投入。

我甚至还买了个枕头，在教室的最后一排把几张凳子拼成床，带一件很厚的羽绒服去自习室，睡觉的时候严丝合缝地把自己盖起来，以这样的阵仗在考研教室睡了一冬天。

在某一天下午我睡醒过来，发现坐在前排的大河变成了光头。在恍惚中我的心情是好奇的、激动的，要知道在这样单调无聊得令人发疯的考研生活里，有一件新鲜的、意外的事情是可遇不可求的。

我说："大河，发生了什么事？你为什么变成了光头？"

他转过头缓缓地说:"我失恋了。"

我感觉自己因为太爱睡觉和背书而错过了什么。

失恋的大河总是臊眉耷眼的,无法笑开颜。

按照我仅有一次的失恋经验推断,这家伙是被人踹了。

我就劝他,我说:"离考研也就一个多月了,只要你考上了就能走向人生巅峰,迎娶白富美。多年之后你为官一方,开车下乡看到一个又老又丑的女人在洗衣服,一看,呀,这不是你前女友吗?那种感觉多爽啊。所以你现在得好好复习,认真复习,拼命复习。"

大河说:"你说得对,我得奋斗,我一定得让她后悔。"

我满意地点点头。

过了一会儿他又过来找我,说:"你能不能把刚才意淫的那个画面再跟我说一遍?"

我说:"我忘了我说什么来着。"

他说:"就是我怎么怎么牛,我前女友怎么怎么惨那一段。"

我说:"哦,你现在得好好学习,然后考上北大研究生,进投行当金领,然后潇洒转身创业走向人生巅峰,迎娶白富美。有一天你携带巨资去银行存款,一看,呀,那个数钱数得手忙脚乱的营业员不是你前女友吗?那种感觉多爽。所以你现在得好好复习,认真复习,拼命复习。"

大河眼神坚定、精神亢奋地走了。

如此循环往复多次,大河的身份已经从政界领袖到商界精英,最后都换到北大校长了。

可是他还是没好。

他还是想要女朋友回心转意。

曾试图讨厌和恨她，却没出息地发现，最想要的还是让她回来。

他的女朋友小秋在北京郊区的某座山上参加为期两周的公司培训，在培训期间跟一个威武雄壮的同事好上了。

他一夜没睡给小秋写了一封情书。

第二天他眼眶乌黑地来到自习室，给我展示了一下他的情书。

情书的内容从他们相识写到了分手之后如何伤心，看这封情书我的脑海中时不时地浮现出河马流着泪的脸，或者一个在灯下一笔一画写字的伤心侧影。

最妙的是，这封情书的每句话都是押韵的。

"我在无眠的夜里想着你的笑颜，无法接受从此你在我生命里消失不见，数九寒冬无一丝暖，我该怎么办才能让你回到我身边？"

我诚恳地建议他把这些押韵的东西都改掉，一个人如果情真意切怎么还能顾上押韵呢？显得不够真挚。

他坚持不要，他说这封信除了让小秋看到他的心，还可以让小秋看到他的才华。

离考研还有整整三十天的时候，大河从自习室里消失了。

谁也不知道他去了哪儿，电话也联系不上，发短信也不回。

入冬之后下了好几场雪，下了晚自习我跟朋友们在教学楼门口告别。

昏黄的路灯下大朵大朵的雪花飞舞着，我全身上下除了眼睛没有一个地方暴露在空气中。羽绒服垂到脚踝，帽子外还围着围巾，手塞在毛茸茸的手套里，后背还背着一个沉重的书包。

在我默念着"快点到家，快点到家，到家就不冷了"的时候，手机响了起来。

该死，要不要接？

我摘了手套从兜里掏出手机。是大河同学。

大河问我："你在哪儿？"

我说："你在哪儿？"

大河说："小秋真的不要我了。"

然后就哭了起来。

我站在大雪纷飞的北京的大街上不知所措。

陷入深爱的人就像入戏太深的观众，旁人看他痴迷，看他投入，看他悲喜不定，看他痛哭流涕，但是旁人不在戏中，难免觉得他有点夸张。

安慰变得很尴尬。

聊了一会儿我才知道原来大河去山上找小秋了，拿着他押韵的情书。

小秋培训所在的那座山，每天早晚只有固定的一班公交车上下一趟。

大河转了好几趟公交车到了山脚下，却没办法上去。他拦了很多出租车，师傅都不愿意在大雪天往山上跑一趟。

最后他掏了几倍的价钱才哄着一个师傅跟他上山。

到了山上后他直奔小秋的培训基地，冲进办公楼找到小秋拽着她就往外走。办公室的人都吓到了，也没有人叫嚷或者阻拦，包括小秋的新男友。

大河把小秋带到楼下，然后冲着整栋办公楼大喊：叶小秋我爱你！叶小秋我爱你！

我想象那个画面，一个少年站在雪地里，像被掠夺领地和配偶的雄狮，悲愤地朝着对手嘶吼，对爱人告白。身后是雪落深山寂静无声。

过了一会儿叶小秋的新男友终于反应过来追了出来，三个人在楼下对峙。

不像是电视里演的那样俗套，并没有出现男主角和男配角各执女一号的手，逼着她选一个这种情节。

新男友可能对于挖墙脚有点心虚，在这对旧情人面前有点手足无措，他弱弱地跟大河说："你先放手，有话好好说。"

大河冷笑一声，什么都没说。

继续对峙。

这时候叶小秋撒开大河的手，默默地帮他戴上羽绒服的帽子，盖住他新剃的光头。

就在小秋新男友的面前。

大河说这句"就在小秋新男友的面前"的时候，语气里还有点俏皮的小得意。

叶小秋问大河："你冷不冷？"

大河听了就很想哭，他本来想反问，你是不是还爱着我。按照他安排好的剧情套路，如果小秋说是，他就觉得圆满了，不管小秋还要不要跟他在一起，他都没有遗憾了。

不过还没等他开口，小秋的新男友先说话了。

小秋新男友说："雪这么大，你今晚也下不了山了，我给你在村里找个住的地方，明早再走吧。"

小秋朝新男友点点头。

大河就崩溃了，他真的开始掉眼泪。

他说："那一刻我就知道我输了。其实我早知道小秋新男友这个人，小秋常常提起他。那男生是中秋节会在家里做一桌子菜请朋友来吃的人，是下雨天给同事们带伞的人。小秋说，从没见过这么好的人。"

我问他："失恋为什么会痛苦呢？是因为我还爱着你你却不爱我了，就好像我们出来玩我正在兴头上你却要回家了这种不甘心，还是因为用情太深舍不得对方一个人生活，担心她过不好？"

他说："我也不知道。其实我们在一起也不总是开心，好不容易才能见一面，刚开始总是兴高采烈的，可是把积攒的话说完了再在一起待着就特别无聊。她身上有很多地方我不喜欢。她喜欢在大街上亲昵，我不习惯她喜欢撒娇问我爱不爱她，我觉得矫情。她喜欢吃醋，我不爱解释。但是我为了她，把不喜欢的都改了，把不想做的都做了。如此全心全意地喜欢。"

我挂掉电话后在路灯下叹气。

就好像棋盘上的黑白棋子，彼此追逐，步步镶嵌。然而有一天白子都不见了，她的每一处消失，都是他生活里填不满的空虚。

失恋大概难受在此。

大河就被小秋新男友安排住在了老乡家。

他并没有在第二天就下山，他在老乡家住了差不多一周，从一场雪的开始，住到另一场雪的停止，从不甘心地来的因由，住到一个安心地去的结果。

在这一周里，他终于明白，小秋跟他在一起不会比现在好，他这样一个考研狗，前途晦暗不明。

他回到考研自习室后老老实实地复习了二十多天，最终还是考研失败。

情场失意，赌场也失意，但是大河在我心里活成了一个传奇，我从未见过这样的人，如果我们大多数人的生活都是"家长里短"的肥皂剧，大河的爱情剧本则是一部韩国电影。

每段恋爱都是全情投入地自导自演，每段恋情都可以当故事听。

考研那段时间，除了背书和睡觉之外，我最爱做的就是听大河讲故事，这是我在那段枯燥岁月里最奢侈耗时的享受。

我听过他的很多很多故事，高中时为了追"那些年我们一起追过的女孩"，他一改吊儿郎当的状态发奋学习，月考成绩排名靠前就可以优先挑选座位，他在高三一年坐遍了那女孩的前后左右四面八方的位置。

大学时他跟一个长相漂亮、性格乖张的女孩谈恋爱，在某次考试中他给自己的狐朋狗友传答案，结果被老师当场发现，教务处把处分告示贴在教学楼门口，女朋友为了他半夜里跑去教学楼撕告示。

跟某一任女朋友去吃酸辣粉，因为找钱数目对不上跟老板娘起了纠纷，女朋友被泼辣的老板娘气得掉眼泪，晚上骑车路过这家店，他怒从心头起，下车把店门口的招牌砸个稀巴烂，到现在老板娘都不知道是谁干的。

以上每一个情节都可以放到电影里。

我再也没遇到过像他这么能恋爱的人。他给女生爱情，也给女生爱情故事。

后来，我和小秋偶然在 QQ 上碰到，我们说到大河，小秋说："被大河这样爱过，是我人生中为数不多的值得。我们女生都很像绿子，并不是没有被人爱过，但是被爱的程度介于不充分和完全不够之间。《挪威的森林》里，绿子说，我总是感到饥渴，真想拼着劲得到一次爱。哪怕仅仅一次也好——直到让我说可以了，肚子饱饱的了，多谢您的款待。他就是我想要多谢款待的那个人。"

我说："这样就够了啊。"

要知道，有很多女生都没有被别人真正地爱过，仔细地爱过，就匆匆走入了婚姻，习惯了婚姻。

多年之后，当我们成为一个下班需要着急回家给孩子做饭的女人，成为一个在周末为老公洗脏衣袜的女人，成为一个为孩子的学习和升学发愁的女人时，在某个瞬间，想起曾经被人如此热烈而浪漫地爱过，即便有一点不甘心，也觉得刻骨铭心。

向来值得怀念的，是那些真的爱过最后却没有在一起的人。

有人说真正的爱情不是花前月下的浪漫，而是细水长流的温情，有人说对的爱情会让你变成一个更好的人。这些我都不信。

年少相爱是什么感觉？

一个灵魂，刺的一声，引燃另一个灵魂，明亮炽热地燃烧，或许脆弱短暂，但用力充分。

二十岁出头时我们身上仿佛有无限的爱意可以奉献于人，在那个时候，爱就是爱，它跟天长地久没有关系，跟结婚生子没有关系，跟吃饭睡觉没有关系，跟美好幸福也没有关系。

甚至，喜欢的那个人愚蠢、轻浮，是个二流货色，也都没有关系。

《了不起的盖茨比》里有一段话这样写：黛西远不如他（盖茨比）的梦想——并不是由于她本人的过错，而是由于他的幻梦有巨大的活力。他的幻梦超越了她，超越了一切。他以一种创造性的热情投入了这个幻梦，不断地添枝加叶，用飘来的每一根绚丽的羽毛加以缀饰。再多的激情或活力都赶不上一个人阴凄凄的心里所能集聚的情思。

我们把自己对于另一半的全部美好想象，都赋予自己喜欢的那个人，爱他如痴如狂。

那时候，**我们爱上的不仅是爱人，还有幻想的爱情本身。**

我的美貌只有自己知道

▼
▼

> 不必过分精致，也不让它荒芜、颓废，
> 并不讲究，也没将就，
> 不对自己苛责，不被美貌绑架。

周末下午四点，我约了医生，去他那里治疗痘痘。

挤痘痘的过程简单粗暴，患者躺在白色的床上，医生先用干净的湿棉布仔细地清洁全脸，再用消过毒的细针扎破痘痘，戴着手术手套的两个大拇指用力挤出表皮下的隐藏物质，成分不明，或黄或白，或颗粒或液体，再用针尖迅速地挑起挤出的脏东西，放到一张纸上。

有时候痘痘已经发炎，又红又亮的一大颗，甚至有几颗大红痘痘的头部已经发白，像一座蓄势待喷发的小火山，但在宋医生的眼睛里，并没有大痘和小痘、白痘和红痘的区别，他视所有的痘痘为同人，对这些同人只有一个手法：挤之。

发炎的红痘痘一定会挤出血，挤一次并不能完全清理干净，医生在已经被挤得很痛的地方反复施力，痛得我把这辈子会的脏话都在心里骂一遍，默默发誓以后绝对不来了，痘痘长到脚丫子上我也不来了。

医生拿消毒棉把血一擦，若无其事地挤下一颗，顺便问我下次约周几。

事实上，我一直在坚持每周一次的痘痘治疗。医生说，他没见过我这么能忍的，挤完痘痘满脸通红像一个红烧猪头，但还是能一声不吭。

最后，他把沾在纸上的密密麻麻的痘痘尸体给我看一眼，那一刻我有一种报仇雪恨的快感。

就这样，坚持了一个多月之后，脸上的痘痘几乎消失干净。

在之后的日子里，天天贴面膜，力求水油平衡，不沾油腻荤腥辛辣，每次吃完火锅回来都后悔得不行，第二天一起来就奔到镜子前面看看有没有在夜里被痘痘反攻，只要有一颗痘痘长出来，我就会一直关注它，担心它的星星之火燎燃我整个脸庞。

据说，所有的胖子都喜欢说自己小时候特别瘦。

我小时候真的很瘦，是那种因为瘦会被嘲笑的人，十岁时拍的照片，眼睛瞪得大大的，脖子细而长，皮肤微黑，显得有些营养不良。

发胖是从上了初中开始的，我十几岁的时候特别容易饿，每天下午四点多开始盼望放学，讲台上老师还在口若悬河，我在心里已经把学校门口的麻辣烫、炸串、烤串、冰粉、雪花酪、煎饼馃子、炒面、炸香蕉通通意淫了一遍，铃声一响就冲出教室。

学校隶属于本市一家煤炭公司，就在公司的家属院里，家属楼里有阿姨为了吸引我们去她家饭馆吃饭，允许我们边吃边看她家的电视，她炒的菜太难吃，为了在她家把《人鱼传说》看完，我只好吃了一夏天泡面。

慢慢地我就像气球一样胖起来，再也没瘦过。

可怕的是，知道自己非常胖但是没什么感受，没有过任何减肥的念头。不知不觉地胖了，毫无知觉地胖着。

大学时期我与同学好友一起去爬黄山，为了防寒我把所有外套都套身上，一层红一层黄裹得像一颗彩色的粽子，再配上我的齐刘海、黑框眼镜，很容易让人想到俄罗斯套娃。

日出的时候我背对朝阳拍了一张照片，脸和初升的太阳一般圆。

毕业时我的朋友们经过大学四年的洗礼，都好像进了整容医院一样，进去时是一个冬瓜，出来都是一枝花。

而我，我迟钝的审美细胞才开始发芽，才开始感觉到苗条的美感，才开始懂得从旁观的角度去审视女性躯干。

刚动起要不要减肥的念头，接下来就要考研。

考研时期我每天都要吃得饱饱的，饿着肚子做那些令人讨厌的试题煎熬百倍，只有吃饱了才能应对千难万险。

于是我又胖了半年。

胖到什么程度呢？连亲爸爸都编不出来"我女儿不用减肥，现在最好看"这种话了，他专门给我打电话说："闺女，少吃点。"

考完研我下决心结束我的肥胖生涯，每天晚上围着小区一圈一圈地跑步，用尽全身的耐力和体力与回家躺着的欲望做斗争。耳机里是杨千嬅的歌，有时候会跑着跑着就好想哭。

我严格要求自己面对薯片、汉堡这些不健康食品目不斜视，去超市里买水果拼盘和沙拉作为晚餐，每天晚上睡着都能饿醒，静静地躺在床上等待天亮吃早餐，两周后瘦了五斤左右，终于从肥胖变成了微胖，高中同学聚会时大野猪看到我说："你的胳膊从 L 到 M 瘦了足足一个 size（尺寸）。"

之后每天上秤都提心吊胆，生怕长回去。

青春年少爱美貌，我们都曾经为外表很紧张。

大宁为了把腿变瘦，拿着刮痧板把两条腿刮一遍，睡前包上保鲜膜，第二天醒来撕掉时两条腿都是青紫的。

同宿舍的 T 同学每晚都给自己调制面膜，不管多晚都得敷了再睡，还在微博上关注了数十个美妆博主，从一个分不清楚粉底和隔离霜的人，变成一个化妆达人。

大胆的 X 君，给自己开了眼角，打了瘦脸针，最近在考虑抽大腿上的脂肪，被推进手术室的时候哇哇大喊：痛一阵子，美一辈子！

在那时候，漂亮真的是一件很让人有优越感的事情。

不好看的女孩子，都多多少少有过受冷落的经验。等待爱情时的诸多煎熬和坎坷，也都跟长相脱不开关系。大学时我接到班上男同学的电话托我帮忙在自习室占座位，说自己晚上有事，结果到了晚上他被女神一个电话叫起来冲到自习室帮忙抢座去了，比我抢得还要快。

在什么时候我们觉得自己最丑？

当爱上一个人的时候。

那时候恨不得立刻从灰头土脸的矮胖矬变成闪闪发光的大美女，让那个人一眼看到即刻钟情。

据说，漂亮的感受，就是你喜欢的人也正好喜欢你。

无法不羡慕漂亮女生的开挂人生。

仿佛青春期所有的不如意，都是因为不美而已。

班上组织郊游一起爬山，男生抢着帮漂亮女生背包开路，独留你一个人扛着重物走在后面。

朋友公司招聘只留下一个女生，不是学历最高的那个，也不是面试表现最好的那个，而是最漂亮的那个。

长得漂亮，连打车都容易一些。

有多少恋爱专家规劝丑姑娘，不要再傻傻地等着谁来透过外表发现你瑰丽的灵魂，而是要奋起反抗，把自己变瘦、变白、变漂亮。

于是你使尽浑身解数，把自己从衣着打扮到发型肤色都改换一遍，为了买一支口红攒着钱，跟体重秤上的数字较着劲，看自己的鼻子、眼睛、下巴，哪里都想整一整，逢人就要抱怨自己肥硕的小腿。

为了被异性欣赏而变美，这过程跟孔雀拼命开屏差不多，并不值得作为女人的使命、终生的事业。

现在的我，听到"看脸"的玩笑，已经不会再笑，更不会把被否定的原因归结于美貌。

美貌不是一个包治百病的东西，不能使一个自卑的女性从外到内焕然一新，把它作为改变命运的手段，注定要落空。人的魅力不只是皮囊，漂亮跟人的精神、气质有关。许多漂亮的女生表情不美，一笑起来就从青春偶像剧跳到了乡村爱情故事。还有一些女孩气场弱，眼神飘移不定，只有拍照才好看。

让他爱上你，不是用一支 YSL（圣罗兰）斩男色就够了。爱情的发生不只是外貌在起作用，相守相伴是一场深厚的缘分，脾气性格、家世背景、谈吐见识都是原因。

工作上的失误、学业上的困惑、情感中的挫折，也不是一支纪梵希小羊皮或者美白针、水光针可以解决的事情。

其实侍弄美貌最大的成本，不是钱，而是时间。

和那些靠脸吃饭的人不同，我们还有许多需要努力的事情，长长的书单没有读完，梦想未实现，年迈的双亲在等待关怀，诸多坎坷，种种困境，远方长长，仍在途中。

为着这些事情努力，已经足够叫人拼尽全力。

一棵经霜历雪的松柏，会沧桑，会老去，会容颜不美，不比生活在风雨不透的温室里备受呵护的玫瑰，但这就是一些人漂亮的方式——以强悍的内心，以打不倒的灵魂。

我后来也没有变成大美女，只是比过去好看了一点点，又一点点。

到现在仍然是这样，整体上热爱自己，对于局部不够满意。

然而这就是我最舒服的状态了。

早就破了对美貌的执念，对精致外表的向往。

不必踩高跟鞋撑气场，穿平底鞋也行。

不必每天都郑重化妆，去见朋友，一支口红就够了。

不必瘦到九十斤，每天吃一点肉，身上长一点肉，柔软但是不肥腻，就好了。

人之于自己的身体，就像一个小小花园的园丁，我在慢慢地摸索管理花园的规律，不必过分精致，也不让它荒芜、颓废，并不讲究，也没将就，不对自己苛责，不被美貌绑架。

一切在外表上的努力都是顺其自然、顺理成章的，为了让身体更加坚韧，不喝碳酸饮料，吃的零食也少，每天早上起床喝一杯蜂蜜水，早睡早起锻炼身体，保持好心情，所以看起来健康舒服。也会计较自己的穿衣打扮，但是不买名牌，不为了配一双鞋子就去买包买帽子买外套，也没有什么严格的好品位，然而每一套衣服都是自己想过的要这么穿，顺自己的眼，每天在外表上花的时间不多也不少，再少花一点时间就会觉得自己邋遢，再多花一点时间则觉得浪费心疼。

这样的我，在美貌面前是自由的，在自己心里是美貌的。

每天看到镜子里的自己，都觉得很喜欢，每天走在大街上，都觉得自己在发光。

真好，我的美貌，只有自己知道。

如果一个人过一生

▼
▼

> 一直有事做，一生自在活，
> 当回首自己的人生，有那么一两段故事可以说。
> 够了。

我的表姐 C 女士，是一个传奇人物。

C 女士比我大二十岁左右，是我姑姑的女儿，小时候被我姑寄养在乡下的姥姥姥爷，即我的爷爷奶奶家里，一直到她被城里的爸妈领回去我居然还没有出生，而我长这么大见她不超过十面，每年去姑姑家拜年，她似乎都不在。

我们就像两颗星球上的人类，遥远地知道彼此，N 多年才交会一次。

在我的印象中，她并不十分漂亮，鼻子、眼睛都很普通，白净的脸上似乎有雀斑，看起来却令人很舒服。个头高挑，话不多，声音细细的，笑起来总有一丝羞怯，露出两颗小虎牙，一看就是那种温柔勤快的姑娘。

这种长相、气质的姑娘身上好像从来不会发生什么令人跌破眼镜的事情，一生顺顺利利。

读书期间她表现相当不俗，初中毕业后考进了我们当地最好的高中，没想到在高考中学习压力太大，再加上心理素质不佳，所以发挥失常，顶着一个不理想的分数去了一所很普通的大专院校，连学校名字我都没听过。

这算是她人生中的第一个"意料之外"吧。

姑姑姑父都是医生，因此表姐也选择了医学相关专业，毕业之后姑姑把表姐送进了我们当地最好的医院做化验员，就是那些坐在医院冰冷的玻璃窗里面的女人，戴一个大口罩，看不清楚表情，收上来病人的试管然后贴标签。

在很多年前，这应该算是一份不错的体制内工作，稳定、体面。

可表姐选择了辞职。

在医院待了一段时间后，她跟家里人说，没有人把她这样一个化验员当作医生来尊重，她不想干了。

她决定要自考本科。

我想起来那些年为什么对她没有印象，她并不是不在家。

每次我们去姑姑家拜年，她都戴着厚厚的眼镜从房间出来打个招呼，然后继续钻进去看书，所以在我的记忆中，我几乎从来没有跟她说过话。

姑姑说，好几次表姐都直接捧着书睡着了。

后来表姐真的自考成功。

然后她人生中的第二个"意料之外"发生了。

表姐的毕业论文被导师的朋友——国外某研究所的老师看到，老师看后很惊喜，认为这篇文章水准非常高，问她愿不愿意出国去他的研究所工作，那时候表姐已经被保送到西安某所高校硕博连读。

按照姑姑的意思，表姐最好就留在国内读博士，然后留校当老师，结婚生子。但是表姐选择了出国。

在二十多年前，出国工作是一件很稀罕的事情。

据说她走的那一天，姑姑和姑父拉着两个超级大的箱子到机场送她，里面装了锅碗瓢盆，姑姑说，这些东西在国外买太贵。

就这样，表姐成了我们家第一个出国念书的人，到现在也是唯一一个出国念书的人，我之后几乎没有再见到她，圣诞节她回国我总是不在老家，过年时我回老家她已经飞回美国了。她在国外似乎过得不错，买了公寓和车，每天都在实验室里研究与药物相关的东西，生活简单又充实。我去看望姑姑的时候，姑姑总是骄傲地说，她最近又在某个国际杂志上发表了论文，或者在某国际论坛讲话。

在这期间，她还以杰出人才的身份拿到了美国绿卡。

终于有一年表姐过年可以回国，到老家去探望她的舅舅舅妈，大家众星捧月一样围着她问她问题，从哪里坐飞机啊，到美国得飞多长时间啊，纽约好不好啊，你住在哪里啊。婶婶还捏捏她的手问她："你冷不冷？"她就耐心地笑着回答："美国那边比咱们家冷"。婶婶说："我看报道说美国下大雪呢。"表姐说："是啊，雪太厚我车子都开不动，那几天走路去上班的。"

我那时候还是个小豆丁，远远看着她，好像看明星一样，她头顶有光。

妈妈摸摸我的脑袋说："你以后要向你表姐学习啊。"

妈妈经常这么说，直到表姐人生中的第三个"意料之外"缓慢地发生。

她在国外始终是一个人。

从二十多岁意气风发地出国，到三十多岁，后来到了四十岁，我们始终没有听到她恋爱和结婚的消息。过年回家，三姑六婆总喜欢暖昧地挤挤眼睛问她："个人问题解决了没有啊？"她每一年的回答都是"没有"。

这可能跟她性格内向有关，她平时埋头在研究所工作，也不认得几个朋友，而且不想跟白人恋爱，可选择的范围很小。不是没有想过回国，考虑到她在国外做的研究在国内并没有合适的研究所以及国内充满行政色彩的研究环境，她最终还是选择了国外的事业。

这期间她也曾回国相亲，但都不合适。她说："找一个不喜欢的人，收入又不如我，倒不如一个人过得快乐。"

在我上大学期间，她从北京路过回美国，我们终于有机会见面，只有我们两个人。

她已经四十多岁了，但是跟我认识的四十多岁的女人都不一样，她把头发扎成干净利落的马尾，在后脑勺晃来晃去，眼角有若隐若现的细纹，不仔细看并不会发现。

她的头顶不再有光环，但是眼里依然有光。

二十岁的我和四十岁的她居然很聊得来，我看过的网络言情小说，她都看过。晚上我偷偷把她带回宿舍里住，从宿舍楼的地下超市妄图直接上电梯，结果在电梯口被宿管阿姨拦住。

阿姨说："家长不允许进宿舍。"

我假装很无奈地答道："这是我们学院的学姐啊，阿姨。"然后用眼角示意表姐不用说话。

阿姨狐疑地看了一眼，放我们进去了。

她是真的没有老，岁月并没有在她身上沉淀出成熟或者世故，没有经历过柴米油盐和家长里短，她依然像一个少女，满脸不设防的单纯模样。

只是此时的她在家人的眼里，已经不再是那个可以给我们做榜样的人。

家人甚至开始反思，或许当年出国并不是一个对的选择，女孩子何必折腾，找份工作，嫁个好人，儿女双全，就是人生赢家。在他们的世界里，一个女人，无论有多大的名气，取得了多少成就，多聪明，多善良，为别人做了多少贡献，只要她"没有男人要"，就是 loser，连田间地头的大妈大婶看到她都可以摇头：再优秀又怎么样呢？

他们只见过幸福或者不幸福的婚姻，作为一个女人至死单身，那是传说中才有的事情。

他们不会懂，女孩子并不只是为了恋爱、结婚、生孩子这些事才来到这个世界上的，除了寻找和吸引一个男性来当同伴之外，还有好多好多有意思、有意义的事情可以做，站得高一点就可以发现，走得远一点就可以看见。

他们已经习惯了被婚姻和孩子捆绑着的、不自由的温情人生，习惯了用家庭填补自己人生的许多无聊和失意，所以他们想象的一个人是孤独的、可怜的。

更何况，他们那么需要"跟别人都一样"这种安全感。

如果没有 C 女士在前，我也会猜测一辈子一个人是一件可怕的事情，未知的总是恐惧的。

一生一个人会遗憾吗？会吧。

但这遗憾并不阻挡从其他方面获得的充沛快乐。

无论是一个人过，还是两个人过——

在以后的人生中，我们是否快乐，在于懂不懂得跟家人、朋友和自身相处，在于是否有赚钱的能力，是否有可以施展才能的领域，还在于自己心态够不够好、头脑够不够用。

我想起来曾经跟朋友小汤讨论"如果这辈子一个人的话，要怎么度过后半生"。

我忘记她说了什么，我们当时也不在意这个答案，虽然见过许多为单身而焦虑的人，但到最后不知怎么回事，她们都会找到那么一个人结婚生子，孤独终老这件事并不容易发生。

后来我们逐渐要逼近三十岁了。

如果真的是一辈子都一个人过的话，应该就要像 C 女士那样。

她在每一次人生启动安定模式时，都选择了冒险和突破，活出了好几个"但是"。

她找到了可以实现自我的事业，这是多少人终其一生都没有的幸运。在微博上每次看到关于周一的吐槽，都让我知道，有多少人只是在工作中挨着。

她享受不用社交的孤独周末，早晨睡饱之后开车去逛 shopping mall（商场），给自己买衣服，吃好吃的美食，然后去看电影，也会在周末跟认识的赴美留学的华人朋友聚会聊天。

她有足够多的钱，可以买让自己开心的衣服、首饰，也可以支付生病养老的费用。

她期待遇到对的人时可以畅快地恋爱，在遇不见时就每天把自己哄开心。

一直有事做，一生自在活，当回首自己的人生，有那么一两段故事可以说。够了。

找个好朋友比找个好对象重要

▼
▼

> 一个人一生中能遇到的知交很少，
> 很多人都说长大后朋友变少了，
> 交朋友变难了，其实并没有。

《超级演说家》播出之后，Chole 发微信给我：

> 刘小姐，在我眼里，你的人生充满了所有可能，反转的、平静
> 的，但都是不凡的和有趣的，而且丝毫不掺杂造物者的承认，一切
> 的福报，皆是你拼命所得，看你精雕细琢地用力，活得较劲又坦
> 荡，觉得你配得上任何想要的人生。

谁受到这样的鼓励不会觉得充满征服宇宙的信心呢？

我跟 Chole 小姐已经分开很久了。

她是我大学里最好的朋友之一，名字跟大牌 Chloé 很像，不要小看
这个"之一"，我这小半生里算得上好朋友的人，一只手就数得过来。

我到现在都不知道她为什么用 Chole 当名字，像名牌的冒牌，康师
傅的康帅博。

第一眼看到她的感受是，真是一个南方姑娘，瘦瘦的身材、黑皮肤、高颧骨、小胸部。给她一个小背篓，她裤腿一撩就可以出海去打鱼了。在以后的岁月里，我用各式花样羞辱过她的平胸。"长得随你爸""不分正反面""你那不是胸，是在肋骨中间安了两个图钉""你躺下来玩电脑，可以把胸部当鼠标垫啊"，等等。

为此，她有一段时间每晚睡前都坐在床上很努力地揉胸部半小时，在黑暗中我说着话，她揉着胸。

跟她在一起无论做什么都不会无聊，什么都不做也不会无聊，因为她很能聊。她高中同学我一个都没见过，但个个都很熟悉，我能听她说一晚上跟我压根儿没什么关系的一群人的生活故事。

我知道她高中政治老师口齿不太清晰，每次都会把"选"说成"爽"，经常点名对同学说："这个题你来爽一爽。"如果这个同学"爽"不出来，还会叫别的同学帮她"爽"（捂脸）。

还有个同学做广播体操特别用力，老师冲上去按住他叫他不用做了。

这是我人生中第一次听人说话特别想给钱。

Chole 说："刘媛媛我是没办法跟你一起上自习的。因为我一看到老师就很想笑。"

我之前在微博上看到一位老总招聘员工的"奇葩"要求：要那种一看到就满心欢喜的。大家都在下面回复呵呵呵呵，我心里想，其实真有这样的人存在。

Chole 是个可以让朋友快乐的人。

这并不是一句简单的"有幽默感"就能得来的，不让对方难受，就要处处考虑他人的感受，这是一种极大的善良。

无论我说什么令人尴尬的话，她都能接一个机智的梗，绝不会让我的话像小石子丢进太平洋，没有任何动静，空留尴尬。

她毫不吝啬地对朋友表达喜爱，许久不见，会说想你，还会来看你。每每取得一点小成绩，她都会认真地夸你好厉害。

跟她在一起的那些岁月，竟然发现我自己是这样好的一个人，喜欢笑，而且值得被爱。

我的朋友噜噜，是我见过的最聪明的女生。

她读高三之前地理和数学总考不及格，上课听不懂，下课又自暴自弃不想写作业，再加上她还有点网瘾，晚上经常抱着电脑蒙在被子里上网，于是成绩下降，近视度数飙升。到了高三她觉得不能这样下去了，既然毕业后一定要去个大学，那就去中国最好的大学吧，于是她重拾旧山河，硬着头皮重新学了一遍地理和数学。

她做事喜欢研究思路，总结路径，当动了要好好学习的念头之后，就开始慢慢地摸索学习物理的方法，题海战术肯定拼不过别人，那她就去研究怎么做题最有效，怎么可以在不理解知识的情况下把题目做对，后来就考上北大了。

她是他们县城有史以来第一个考上北大的学生。

上大学的时候她曾加入过某志愿组织，那个志愿组织人员流动性非常强，做事没有定式，她上岗第一天就把混乱的流程写成章程并规范化，一下就提高了工作效率，并且一直流传。

我每次跟别人提到她都会觉得很骄傲，这么聪明的人，是我的朋友。每次有了什么创业的好点子时，我特别喜欢跟她讲。她会冷静地质问我：你的客户是什么人？市场上有没有竞品？你的优势在哪里？你打算用什么方式吸引你的客户？你的成本是多少？你做的东西是否符合发展的趋势？它的未来是什么……

但凡有一个问题回答不上来，我都要回去重新想清楚。

她这么聪明，不知道是否跟她读过太多书有关。

晚上睡不着，我们躺在床上聊天，说起死亡这件事情。她说："《红楼梦》里贾宝玉曾说，他要是幸运的话，现在就死，这样他爱的姐姐妹妹都在身边，等他死了，姐姐妹妹们的眼泪哭成一条河，让他漂走。这种死法太美了，《红楼梦》里我最喜欢贾宝玉。"

噜噜说起《红楼梦》总能信手拈来，这本书是她初中时的厕所读物，她说，这本书无论翻开哪一章都好看，随时随地都能看进去，放在厕所最合适。

每次听她说完后，我都会回去再翻看几章《红楼梦》，就会发现，这本书好像更有趣了一点。

前一段时间跟她聊起最近告破的连环杀人案，作为独居女生，她看完案件细节之后几天睡不好，收快递或者外卖只敢把地址写到单元楼，然后自己下楼去取，每次回家都确认身后无人尾随才敢开门，甚至想要在淘宝预订顶门器。

我抱怨说："生活在这种恐惧之中太麻烦了，天天要防备那些变态的人。"

她说："以前我也认为很麻烦。看过一个日本作家的书，里面写到一种怪兽，这种怪兽是人类的天敌，会吃人，还会装扮成人类的样子，人类每天都小心翼翼地防备被吃。那些隐藏在我们中间的变态的人，就是我们的天敌，人类跟地球上其他的生物一样，都是有天敌的，这是每一种生物的宿命。这样一想，依然很恐惧，但不会觉得麻烦了。"

我想，是啊，我们也要像羚羊和老鼠一样去防备自己的天敌，还有，这本书听起来很有意思的样子。

这世界上对于书最好的安利（推荐）就是你的朋友说起来，但是你还没看过。

她读书跟大浪淘沙一样，北大图书馆最多可以同时借出三十本书，有些人一年内读书都不超过三十本，她经常借满，看完一批，再还一批，还完一批，再借一批。在她的理解里，上大学就是读书，学点自己感兴趣的东西，一直到毕业找工作提交简历时她才惊觉，自己从来就没为找工作做过准备。

认识她三年以来，跟着她读了很多自己原来不会读到的书。我笔记本上有一页专门写她安利的书，第一本是安·兰德的《源泉》，最后一本是森见登美彦的《有顶天家族》。

不过这么厉害的她，也有害怕的事情。

她是一个不喜欢社交的人，刚上大学的时候加入过一个社团，社团第一次见面会是在静园草坪上，她早早就换好衣服准备参加这个见面会，结果呢，到了跟前她又转身回宿舍了。

想想要跟陌生人说话，她就有点害怕。她始终不懂怎么去接近他人，只能在原地等待别人接近她。她大学的寝室里，大家都是热爱学习且内向的孩子，回到寝室里大家都一句话也不说，各自静默地做自己的事情，不发出任何一点声音。

她说，她真的很感激我这样一个活泼的存在，刚一认识就对她展示无比的善意和热情，强势入驻她的世界，让她这么容易就拥有了一个朋友。

她还说，在我身上，她学习到了很多跟别人相处的方式，总算成了一个看起来和蔼可亲的人。

记得研究生开学的第一天，我与她初次相见，她穿一件褐色的T恤、鹅黄色的长裙，黑头发及肩膀，眼睛又大又圆，安安静静的样子，让人一见心里就很喜欢她。

当时我就决定要和这个人做朋友。

朋友这个词，在噜噜这里，是值得欣赏，总能向其学习变得更好的人。

我常听人抱怨朋友的不义，原因不是相交的人太坏，而是自己误把许多人当作朋友而已。

"较劲，担心你比她更优秀。"

"把你当作垃圾桶和解忧草，天天倾诉负能量。"

"从不顾及你的感受，常常出口伤人。"

"在背后说你的坏话，联合别人排挤你。"

"一起玩可以，但是有困难的时候从来不挺你。"

那时候我们不成熟，不懂得这样的人顶多算是玩伴，所以当我们拿朋友的标准去衡量时会失望。

生活中有更多所谓的"朋友"，其实是"交易"，总叫你出来玩你不出来就翻脸，你们之间交易的是陪伴，让你帮忙你没帮就翻脸，你们之间交易的是人情。既然是交易，就要拿交易的心态去对待，否则只要交易的一方觉得不公平，就产生怨怼，无法维持。

一个人一生中能遇到的知交很少，很多人都说长大后朋友变少了，交朋友变难了，其实并没有。

一个灵魂在固定的环境中遇到相似灵魂的概率大体是不会改变的，成熟的我们更懂得甄别，因此把许多人归入了玩伴和"交易"。

我渴望拥有好的知交。

都说**人生是一趟列车，朋友上车，朋友下车，每个人都只能陪伴一段路程，但是我想，尽管会分开，尽管相见难，但要拥有一些很好的人**

想念。

更何况，有些朋友，甚至比恋爱还要牢固，可终身为伴。

与正直的人相交，与真诚的人相交，与仗义的人相交，与善良的人相交，与勇敢的人相交，与我欣赏的人相交。对他们不惜使用全部的耐心、爱心，在长年累月的相处中沉淀不离不弃的默契、两肋插刀的义气以及坚如磐石的信任，无论是在人生中的什么阶段，是得意或狼狈，都可以确信他们爱我、信我。

得到真正友谊的前提是：我也必须拥有一个正直的、真诚的、仗义的、善良的、勇敢的、值得别人欣赏的灵魂。

这才是好的朋友关系。至于那些总让人困扰的东西，或许，根本就不是友谊。而那些不喜欢你的人，终究会离开你。

毕竟，珍珠与玉，破瓦与砾，相配的总是在一起。

在父母身边的日子

▼
▼

> 父母是这个世界上我们最亲最爱最重要的人，
> 可我们生命中大部分时间
> 不是在分离，就是在告别。

爸妈来北京小住，彼时我租住的房子是年份较久的钢铁厂家属楼，经常出现这样或那样的问题。厨房下水道堵了，正要熟练地打电话叫人来修理，爸爸摆摆手说："不用花钱，我可以修。"

他把我丢在柜子深处的工具箱找出来，抱到厨房里开始捣鼓，二十分钟后他从门缝里露出头来，告诉我们说已经修好了。我推门进去看，污水都被处理干净了，碗筷也被洗好并且摆放整齐，爸爸正蹲在地上整理工具箱。

他已经六十岁了，肩背依然宽阔厚实。

我已经很多年没有过被父母"保护"和"帮助"的感受了，此刻心里有一种奇异的温暖。

我十岁出头就去外地求学，一个月回家一次，一次住两天，周末的早上一起床，我妈就开始给我张罗午饭，捏饺子、炸丸子，有一种把我喂饱了才放心送出门的意思。而我，从一睁开眼睛开始，就想着今天必须走了，所以郁郁寡欢。

中午吃完饭我妈骑车把我送去镇子上的车站，买完票把我往公交车上一放，我妈通常掉头就走，从来也不等到车子发动。我问我爸："为什么我妈不像别人的妈妈一样，抹着眼泪送孩子送到车子'绝尘而去'呢？"我爸说："你怎么知道你妈妈不哭，她走得快是因为害怕你看到她哭。"

回到学校的头两三天我总是特别想家，早晨醒过来发现是睡在寝室，就会躺着流会儿眼泪，时间差不多了再起床洗脸，去上课。

我妈给我打电话说："晚上整宿睡不着，梦到你从上铺掉下来。"

我爸偶尔到城里来办事，就会顺便到学校来看我，一年也不超过三次。头一天给我发短信说要来，第二天从早上开始我就处在兴奋中，把作业早早写完等着。

在校门口接上我爸，我们到学校附近的馆子里吃饭，每次都点这三个菜：鱼香肉丝、东北拉皮和粉皮烤肉。我爸坐在对面看我吃得高兴。

临走时他会给我一个袋子，里面是我妈给我装的零食，店里卖的瓜子、火腿肠、娃哈哈。我在家的时候抱着这些吃个不停，我妈就一直误认为这是我最喜欢吃的东西，其实是无聊，也没别的可吃。

从十一岁离开家之后，我在他们身边的日子就只能用天计算，从每月几天，到每半年几天，最后变成每年几天。

出门在外，我从父母那里基本上得不到除生活费用之外的任何帮助，打电话给他们向来报喜不报忧，无论是学习中的苦恼，还是人生的困惑，跟父母都无法交流。我们之间的距离不只是城乡之间的几百里，还有两个时代的差距，我面临的世界他们没有经历过，渐渐地，父母在我的人生中成了饱含深情的远望身影。

这么多年下来，我早就习惯了出发，早就忘记了父母的怀抱，跟婴儿断奶类似，只要过了那一段时间，好像就会忘掉寻找，回家依然是高兴的事，但已经不是深入骨髓的本能。相反，外面的世界里有我的朋友，有我的野望，有我熟悉的日常，回家反而成了轨迹之外的反常。

去年爸爸住在广州，我出差去那里办事，顺道去家里看他，吃过午饭爸爸打车送我去机场，在出租车上他反反复复地叮嘱我一些我早已听过千万遍的话，要注意安全，看好自己的行李，天冷加衣服，我心不在焉地想着工作的事情。

我爸说着说着忽然抽泣起来，我抬头一看，他的眼泪已经流到下巴了。我当下不知如何是好，只能捏捏他的手，说："爸，爸，我会经常来看你的。你怎么了？"

他只是擦干眼泪，沉默起来。

不知道是因为他们老了，所以才变得依赖我，还是他们老了，所以已经无法忍住"不舍得"。

作为被时代驱赶的异乡人，背井离乡是宿命，为了更好地生活，只能往更大更远更好的地方去。离开时父母像参天大树，可遮风挡雨，遇到难处，总会想家。等有能力把父母接到身边才发现，父母已经渐渐老去，我必须要去为他们遮风挡雨了。

这才真的确认，原来身后真的没有人，原来真的只能自己勇敢。

过早地就结束了留恋父母膝头的日子，多年之后我甚至都想不起全心全意依赖他们的日子到底是怎样的一种感受。

马伊琍在微博谈论育儿经，说到她曾经看到书上写的严格训练孩子在固定的时间吃饭睡觉，早上没醒也要给孩子拉开窗帘，晚上哭了也不去哄。她觉得这些行为很残忍，很可笑。

她说，只要是一个成年的人就会睡一个整觉，为什么自己在孩子最弱小的时候就急着用这种方式训练她，让她在夜里孤独地啼哭的时候，都无法拥有妈妈一个及时的拥抱？

看到之后我就有点感伤，像我这样过早离开家的孩子，在年少时就具备了自己照顾自己的能力，好像对所有事情都有方法应付。这是值得欣慰的事情吧，但我失去的是，在那些深夜啼哭的时刻，父母及时的怀抱。

《爸爸去哪儿》热播那会儿我也跟着看，五六个不超过十岁的孩子，松开爸爸的怀抱，独自一人去执行所谓的任务，爸爸还告诉他们说，不要哭，或者不许哭，你们要独立，你们要勇敢。

就像老鹰对待小鹰一样，害怕小鹰离开巢穴后无法自立，所以小鹰从小就被训练离开，并不被教导如何依赖，如何亲密，如何撒娇，如何相爱。

后来他们真的离开了，寄宿求学，或者去外地工作，只是偶尔才飞回来。

从此朝夕相处变成朝思暮想。

放学回家就能吃到妈妈做的饭，把汤和饭盛到你面前还要问你吃着烫不烫；起床起得晚了妈妈就在隔壁喊"快点，快点，要迟到了"，爸爸说今天下雨你上学记得带伞，回家之后说话有点鼻音，他们很担心你感冒，给你冲一大碗板蓝根预防；有任何不高兴他们都能及时发现，你甚至还因为被管着不能看电视，跟他们发脾气，大声吵。

像这样能够亲密地赖在父母身边的日子，短短几年居然就结束了。

之后，我们再也没被别人这样爱过。

父母是这个世界上我们最亲最爱最重要的人，可我们生命中大部分时间不是在分离，就是在告别。

长于相守几倍的时光是分离。

年少爱自由，对于离开父母这件事情，太过着急。

后来才懂，即便可以回到他们身边，也无法回到每晚相见的亲密时光里。

如果可以回到过去

▼
▼

> 成长是一扇树叶的门，童年有一群亲爱的人。
> 而成长是一个不可逆的过程。
> 我们最终往更大的世界里去了，终身流浪。

1. 1990 年冬天的某个夜里，我躺在我妈的肚子里挣扎着要出来。我妈把我爸推醒后说，感觉快要生了。

我爸太困了，让我妈忍一忍。

后来我妈没忍住，我就在家里出生了。

2. 我妈说，她坐月子的时候爸爸总是偷吃姥姥给她煮的鸡蛋。

爸爸义正词严地说："绝对没有，我不喜欢吃鸡蛋。"

3. 计划生育管得严，超生的我直接导致了爸爸政治生涯的中断。

他被领导从村主任的位置上撤了下来。

4. 我出生的第二天早上，我妈把要去上学的哥哥们叫到屋里来，指着床上的我说："喏，这就是你们的妹妹。"他们特别高兴，放学之后叫了几个好朋友来家里参观我。我问大哥："你当时看到我什么感觉啊？"

他说："咱爸把猫抱家里来的时候你什么感觉？"

我说："新鲜。"

大哥说："对，就是那种感觉。"

5. 我小时候被老鼠咬过!

刚出生一个月的我在睡梦中忽然哭起来，我妈起来一看，呀，女儿的小手指被老鼠咬了。

我妈是一个半吊子骨科医生，有一套老李家世代相传的手艺，专帮小孩把脱臼了的胳膊装回去，胳膊脱臼过的孩子见了我妈都绕道走。经过我妈的诊断，我的手指上需要绑两个小夹板才能不残疾。但是我妈一给我绑我就大声号，最终我爸拍板决定松绑，我爸说："小手指头没有用。"

后来我的小手指就变成弯弯的了。

他们每次谈论这个事情都告诉我："将来你被拐卖了，这就是我们找你的凭据。"

我的第一个 QQ 名就叫小指弯弯。

6. 大哥这人有点萌。二哥这人有点赖。爸爸和妈妈要去镇上办年货，二哥哭着闹着非要去。于是十岁的大哥带着两岁的我在家，我一哭，大哥就跟着一起哭。我妈回来的时候看到他抱着我哭得比我还惨。

更多的时候是爸妈出门，大哥二哥一起带我，我哭的时候他们就带我去邻居婶婶那里借奶吃。

7. 大哥喂我吃蒸鸡蛋，他用勺子先挖到自己嘴里嚼碎了再喂我，现在想想真是非常恶心。

家里条件不好，蒸鸡蛋只有我可以吃。二哥趴在边上监督，流着口水说："哥，你嚼的时候不准偷偷咽。"

8. 我们家有五口人，爸爸、妈妈、大哥、二哥，还有我。小时候我以为五好家庭就是有五个人的好家庭。

很多人都说："哎呀，你好幸福，你有两个哥哥宠爱你。"

他们太天真了，现实生活很残酷的。如果他们被哥哥揍过就不会这么说了。

9. 我们兄妹三个有一张合影，我站在我们家有史以来的第一辆儿童车里，啃着一个大哥去林场偷的青苹果，流着口水。大哥和二哥站在我旁边，但是他们都没有头。因为他们只要一闹翻就在照片上抠对方的脑袋。

他俩小时候的照片，没有一张是有头的。

10. 大哥比较护着我，二哥就比较喜欢揍我。如果家里只有二哥在我就比较乖。有一次他揍我之后我要离家出走，边哭边跑出门，二哥追上我一把把我拎回来了，我再出走，他再拎回来。

出走了几次后我就累了，睡了一觉就把这事给忘了，第二天才想起来没告状，便宜了二哥。

11. 我妈说，二哥放到旧社会就是一个英勇不屈的共产党员。每次我妈打他，他不跑也不求饶。还说叫我妈随便打。

我二哥也够坏的，我妈只能享受打他的乐趣，却无法享受追着他打的乐趣。

我妈还说，我出生的时候二哥总跟我抢奶喝。大哥就很乖，二哥出生的时候他就从来没抢过。大哥两岁就断奶了，他总说自己之所以长得矮，都是因为小时候喝奶喝少了。

12. 妈妈总是很气愤奶奶不帮她带孩子，奶奶就住在我们家的后面。有一次妈妈去跟隔壁借东西把熟睡的大哥一个人放在屋子里，回来发现大哥醒了还把火炉上的开水搞翻了，烫得哇哇哭。我妈总爱讲这件事，用来告诉我们她一个人把我们三个拉扯大多么辛苦。

但是妈妈是个很孝顺的人，奶奶去世前的最后一顿饭，是妈妈送去的饺子。

13. 我对奶奶几乎没有印象了，就记着她鼻梁高高的，看上去洁净慈祥。我小时候经常在我奶奶那里睡午觉，隐约记得她唱过很多乱七八糟的歌催眠，有一首是：耶稣真好，耶稣真好，万两黄金买不到。

14. 姑姑来家里看奶奶，给奶奶带了一只烧鸡，她们当天下午就把这只烧鸡带去了三叔家，一根鸡毛都没有留给我。

15. 奶奶去世的时候我读三年级，正上着课呢，家里派人来教室找我，说我奶奶去世了，叫我跟他一起回家。

到家后我妈在我脑袋上扎一个白色的布条，往我鞋面上缝一层白布。我不明白这是一件什么事，直到家门口搭起了灵堂，我奶奶被放进一个大大的棺材里，我才明白我奶奶死了，她脸色灰白地躺在那里，永远不能再说话了。

　　农村丧葬有一个仪式特别残忍叫"封口"，把所有儿孙都叫到跟前跟死者做最后的告别，当着他们的面把钉子一颗一颗地敲进棺材盖里，从这一刻起，阴阳两隔，永不相见。

　　我们都在棺材旁哭得泪如雨下。

　　之后的好几年里，每次我想要哭出来的时候都逼自己想想这一幕，必定会掉下眼泪来。

　　我气愤地坐在我奶奶家的门口哭，哭累了，我就找了一块石头把我奶奶家的玻璃给砸了。

　　16. 大哥对二哥说，蹲在篓子里看外面都是窟窿眼，特别好玩。于是好奇的二哥自动蹲了进去。大哥一把将二哥扣住，然后在上面撒了一泡尿。

　　二哥拉完屎，喊大哥帮忙送纸。大哥给他送来一块煮熟的红薯，怂恿他就用这个擦屁股。

　　17. 夏天大门口树下，大哥看到有个光头躺在一张单人床上睡觉乘凉，悄悄地绕到背后上去给光头来了一个脑瓜崩，光头被弹醒了，我哥一看，是我四爷爷。

　　四爷爷出了名地脾气怪，我哥被吓得不敢动，被四爷爷骂了个狗血淋头。

　　我说我哥："手咋那么欠呢。"

　　我哥说："谁看到光头能忍住不弹脑瓜崩，谁？！"

　　18. 据说我三岁的时候就能完整地唱出《刘大哥讲话理太偏》，我不确定到底是几岁，因为我爸每次提起这件事的时候年龄都不一样，并且趋势是越说越小，第一次说是六岁。

不知道这跟我后来迷恋戏曲有没有关系，有一阵子我喜欢在上厕所的时候唱评戏，搞得厕所像闹鬼一样。

19. 小学毕业之前我家一直在承包村里的果园，注意，是果园不是鱼塘。

果园里有一百多棵梨树，十几棵苹果树，四五棵桃树。春天的时候苹果树开满粉红色的小花，妈妈拿几个装满花粉的小玻璃瓶爬上树，用铅笔头上的橡皮蘸一点花粉，再点一点苹果花，就算给它们授粉了。

深夏的时候梨树枝头上长了一串串的梨果，我们又要爬上树把它们摘到每枝仅剩三四个，这样剩下来的才能快快长大。

秋天梨成熟之后，一堆一堆的梨卖不掉，我们全家就坐在地上吃，吃到吐为止。

20. 并不是所有的果实都是秋天成熟，我们果园的几棵苹果树品种都不相同，分批成熟。妈妈把成熟的苹果摘下来放到铺满树叶的果筐里，叫哥哥推个车到各个村卖，我在后面追着跑。腼腆的大哥不好意思叫卖，于是就拿一根筷子插一个苹果放到车上，暗示别人我们是卖苹果的哟！

21. 我的整个暑假都要在果园度过，因为我妈妈害怕果子被人偷走所以要我看着。果园很大，中间有一条土路贯穿，边上是各家的果树，除了我之外还有很多别人家的小孩，但是我还是很寂寞。

我妈为什么不害怕我被人偷走呢？

上午我大哥骑车把我送到果园去，然后陪我在地上玩一会儿加减乘除就走了。我躺在苹果树下的凉席上看书，阳光只能投下来零碎的星点，满眼是青青的果子。当我饿了，我就起身摘一个苹果擦擦吃掉。

22. 果园里没有鱼塘，但是有一个水塘，用来存储夏天的雨水。雨水旺盛的时候水塘里会有蛇，在水面上一蹿一蹿地露出头。我哥他们那些男孩就想方设法地把这些蛇抓出来胖揍。

每次大哥或者二哥抓出一条蛇来，我就要揪下自己的一根头发，因为我听老人说，只有这样死去的蛇才不会报复伤害它的人。

那些年我替我两个哥哥揪下来一大把头发，而他们什么也不知道！我之所以不告诉他们，是因为我知道他们听了也只会嘲笑我。

23. 我问二哥："为什么水塘里有蛇？"二哥说："可能蛇想偷吃青蛙，脚一滑，就掉进去了。"

我说："为什么水塘里还有老鼠和黄鼠狼呢？"二哥说："它们可能是想来喝水的。"

二哥从水里想方设法捞起一只失足淹死的黄鼠狼，用小刀切下它的尾巴给我看。

黄鼠狼的尾巴，有点臭。

24. 林场里有大孩子带头捉了青蛙，架起火，然后把青蛙放进饭盆里撒一把盐开始煮，我分到了一条腿吃。

希望我未来的男朋友看到这一段不要害怕。

25. 大哥中午骑车来果园接我回家吃饭，骑到半道自行车坏了，大哥就下来推着我走，果园离家骑车要十几分钟的样子，推着走至少半小时。

太阳毒辣辣的，晒得他满头大汗，我坐在车梁上优哉游哉。

又走了一段，我哥低头一看，咦？我的鞋少了一只。他把车停下，把我抱下来放在车旁边，告诉我不许乱走，就沿路回去给我找鞋。

我站在原地不敢乱动，有黑色的一节一节的虫子在路上爬来爬去。过了好久大哥才回来，把我抱起来放到车梁上继续推着走。

每每想起来自己作为小女儿和小妹妹在母亲和哥哥身边的那段时光，都觉得恍若隔世。

长大后的我，看上去总是一副很能吃苦、风雨无惧的样子，仿佛幼年时从来没有被人细心呵护过。

26. 大哥骑车带我的时候总爱假装是在骑摩托车，他的摩托车开几挡是由我来选的。

骑得太快的话我就有点怕，我说："我选一挡。"

大哥说："一挡没意思，给你试一下三挡吧。"然后把自行车蹬得像一阵风，吓得我哇哇叫。

27. 妈妈在给果树喷农药的时候中毒了，在镇上小姨家里输液。小姨让爸爸带我回家，还在吃奶的我一声不吭乖乖地跟爸爸走。他们总是夸我那么小就那么乖。

但是其实我对这段往事是有记忆的，昏暗的房间里，妈妈躺在一张大床上，我之所以一声不吭，是因为我害怕。

28. 现在果园已经变作平坦的麦田，因为种果树不挣钱，那些梨树、桃树、苹果树，通通被砍掉了。

童年的回忆没有了载体，我都要怀疑自己是否经历过。

29. 二哥在啤酒瓶子里养了一条蛇，放在窗台上。我想偷偷把蛇放走，又不敢接近它。每次经过窗台，都很伤心。

30. 奶奶去买小鸡，二哥看见了特别喜欢，卖小鸡的阿姨送了一只瘸腿的小鸡给二哥。

那只小鸡非常神奇，能听懂人说话，是我二哥的跟屁虫，二哥去哪儿它就跟到哪儿，还会自己捉蚂蚁吃，二哥简直把它当成眼珠子一样珍爱。

31. 这只小鸡后来被我踩死了。

我往后退的时候，没看到它，一脚踩在它身上。二哥伤心欲绝，为了抚慰他那为鸡受伤的心灵，大哥带我在院子里给小鸡做了一个小坟包作为二哥的爱鸡之墓，还去田野里拔了很多艾草种在坟包上。

小时候我们以为艾草是爱草，可以代表我们对小鸡的爱。

32. 猫死了，我把它偷偷埋在院子里的枣树下，除了我谁也不知道。

33. 我妈把我打了一顿，我去上厕所的时候在墙上写：我恨我妈妈。

我妈压根儿不搭理我，因为我妈不识字。

34. 家里养了一只黄色条纹的中华田园猫，像一只小老虎，它是一只母猫，所以长大后就变成了母老虎。

我妈给它找过好几个对象，每次都把它和它一夜情的对象往屋里一关，过半个小时之后放出来，不久她就会怀孕了。

我好奇得很，我妈拦着我不让我进去看。

35. 猫生宝宝的时候，哥哥找来很多旧衣服铺在它身下，一只只水淋淋的小猫咪陆陆续续地滚出来，眼睛都没睁开，母猫用舌头拼命舔宝宝们，舔完它们就会睁开眼睛颤颤巍巍地走起路来。

有一回，刚生出的一个小猫被它妈妈一屁股压死了，我伤心得不得了。

36. 爸爸拿一个小纸箱把小猫放进去，准备送给姥姥。

猫妈妈可能知道要发生什么事，它跳进还没封口的纸箱里，给小宝宝喂了最后一次奶，就跳出箱子出门去了。

我爸看到了非常感慨，说这只猫真的有灵性，我的眼泪一直流。

生活就是有这么多的无奈，我冷漠无情的妈妈不可能同意再多养一只猫。

37. 有一个小猫生下来长得有点丑，脸上的毛像张飞一样往两边飞。连它妈都有点嫌弃它，但是我很喜欢，我管它叫扁扁。

扁扁每次把我的手抓伤，我都会把伤口藏起来不让我妈看到，害怕我妈揍它。

后来扁扁跑丢了，我难受了好几天。

半年后我妈给我买了一个日记本，日记本的封皮上是一只跟扁扁长得很像的猫，我看到后很高兴地想：原来扁扁是去拍封面了，变成了一只明星猫。

38. 家里的小猫生病了，我每天上学都心神不宁，生怕回来它就已经死了。写作业的时候，我偷偷把奄奄一息的小猫咪放进我的衣服里，贴着我的心脏。被电视剧洗脑的我，以为这样诚心诚意就能感动上天，让小猫咪奇迹生还。

我哪儿知道这事不是上天管是导演管的。

小猫咪还是死了，就是埋在枣树下的那一只。

39. 我妈养过的狗，比养过的孩子还多。有一条小黑狗的特点是走在路上喜欢抬起眼皮偷看别人，这让我很不喜欢。

40. 有一条狗是我爸爸去姥姥家的路上捡来的，这狗很神，会送我上学。冬天的下午天空中飘着雪花，狗狗的毛上结了一层亮晶晶的小颗粒，它跟着我一路跑到学校门口，怎么赶也不走，我急得团团转，特别怕班上调皮的男生看到它欺负它。

41. 大哥用竹竿给我打枣吃，大的红的全归我，他只吃剩下的发育不良的小青枣。我吃完后把枣核一个一个地装进铅笔盒，留作纪念。我还给它们写了一首歌：那一粒枣核，是哥哥的爱，是我的思念……调子随机，每一遍都唱得不一样。

打完枣就要开学了，哥哥坐着火车去外地上学了。每当我想他的时候，我就看看铅笔盒里的枣核。

42. 大哥去镇上上初中的时候，每周五下午回家，到点了我就坐在门口的台阶上等着他。后来他越走越远，去了成都上大学，他离开家的那一天我坐在屋里看电视，不敢出去送他，电视上播的是一首叫作《千古绝唱》的歌，我说这首歌怎么那么感动人啊，然后哭得稀里哗啦。

43. 之所以哭还要找个理由是因为，每次我哭鼻子，我妈他们都会像发现了一件极其好笑的事情一样，指着我说："你们看，你们看，刘媛媛哭了，哈哈哈哈。"

44. 大哥在县里读书的时候给我买过几本书，一本是《三百六十五夜》，这本书向我普及了《白雪公主》《灰姑娘》等幼稚的小故事。书在农村是很罕见的，我宝贝得不得了，在学校晨跑的时候我都抱着这本书，这书一共七八百页，累得我哟。

这本书后来借给我表妹，被她搞丢了，从此我看她就没有那么可爱了。

45. 大哥给我买的第二本书叫作《一千零一夜》，是一本阿拉伯民间故事集。我拿到书翻开一看，有些地方被笔涂得乱七八糟的。根据我的推断，大概是写男女之间调情之类的文字。我把书拿到灯底下对着光反复看啊看，完全看不出原来写的是什么！我哥涂得太彻底了。

46. 二哥去县里上学的时候给我买过一本《唐诗故事》，这本书帮了我大忙，直接奠定了我在小伙伴中的知识领袖地位，动不动我就跟我的朋友们说："我给你们念首诗。"

长大后某次我跟二哥聊天说他为什么这么瘦，他说因为他上高中的时候不舍得花钱，一天三顿都吃不饱。

这本书就是他在高中的时候买给我的。

47. 大哥特别爱掏耳屎之类的活动，天气好的时候就指挥我搬两个小板凳到马路边上晒太阳，要求给我掏耳屎。

他从小就爱利用我，叫我坐好了说要给我讲讲历史，其实是利用我背历史书。通过他我知道人类经历了原始社会、封建社会、资本主义社会、社会主义社会几个阶段。我对我的好朋友刘志华说：我"最喜欢'风见'社会，因为'风见'这个词真的好漂亮。"

48. 大哥严厉地对我说："你不许再偷看我洗澡了。"

其实我不是喜欢偷看他洗澡，我只是喜欢在他洗澡的时候站在边上跟他聊天。

49. 我的好朋友娜娜对我说："I'm sorry。"我义正词严地纠正她说："你说错了，I 是'我'的意思。Am 是'是'的意思。Sorry 是'对不起'的意思。I'm sorry 是'我是对不起'的意思。"

我问她："你是对不起吗？"她说："我不是。"

50. 大哥每次假期回家我都要求跟他一起睡，某年的夏天我哥严肃地拒绝了这件事。因为他觉得自己长大了，我也长大了。但是我满地打滚坚决要跟他一起睡。他就在他屋里摆了一张小床，叫我睡在他对面。

后来这个待遇也没了，我哥叫我睡在自己的屋子里。他从我的床头牵一根绳子穿过客厅系到他床头，说如果我害怕就拉一下绳子。

51. 大哥确实长大了，过了不久，我就在他的床头柜里翻出来一本小说。半个手指那么厚，书的封面看起来像一本黄色小说。我假装镇定地放回去，感觉他一米六的身躯在我心里没有那么高大伟岸了。

52. 一起看电视的时候，我坚持要看《仙剑奇侠传》，大哥非要我看《侏罗纪公园》，叛逆的我摔门而去，躺在床上生气。

大哥来哄我，拉我起来的时候我就推他，混乱中我不小心踢了大哥一脚，然后他就真的走开了。

我感觉事情闹得有点大，就灰溜溜地回去吃饭。饭后我们好像什么都没发生一样聊天，聊了一会儿又聊到刚才的事，大哥说："我从小到大都没舍得打过你一巴掌，你居然想都不想就踢了我一脚。"

然后他居然哭了起来，让我很难受。

53. 大哥私底下搞了很多街道排行榜，例如"最丑大婶排行榜""怪小孩排行榜"，邻居家小孩荣登"怪小孩"榜首。这个榜单还会实时更新。

54. 隔壁住着个大妈，外号叫抓地虎。我问我爸为什么，爸爸说："因为大妈矮胖腿短。"

55. 妈妈在村里的十字路口处开了一家杂货店，经营范围极其广泛，千方百计赚村民们的钱。雨天卖伞晴天卖盐，农忙的时候卖农药、化肥、玉米种子，闲的时候卖衣服，还有女人们纳的鞋底。

为了满足村民的精神需求，我妈还整过游戏厅，结果我在七八岁的时候《超级玛丽》就全部通关了。

56. 建钢他们家的三兄弟说我妈卖的炮不响，大哥气坏了，带着我二哥，还有四爷爷家的二小去揍他们。我在后面跟着，看着大哥骑在建钢身上，二哥骑在建钢他弟身上，一直揍到建钢的妈大叫着跑出来，大哥抱起我就跑。

我妈后来装模作样地把大哥训了一顿。我知道她心里其实得意得很，因为我妈说过，可以打架，但是必须赢，不准哭着回家。

57. 二哥把邻居家孩子踹到泥坑里，我妈赔了一件毛衣给人家。

58. 上幼儿园的时候同桌两个女孩总是欺负我，二哥在同一所学校上六年级，每隔几天就来我的幼儿园巡查一遍，他总是吓唬我的同桌说："别让我抓到你们欺负我妹妹！"

一年后二哥就小学毕业了，我没人罩着了。

59. 二哥总是送铅笔给我，那些铅笔都是他当小组长赚来的。他告诉他的组员只要交一支铅笔就不用交作业。

后来我二哥被查处撤职了，我也没有铅笔用了。

60. 上幼儿园的时候因为我年龄太小，老师不收我，最后我妈送了一箱水果给老师，老师收了水果也只好收下我了。

61. 大哥又给我买了一本书，叫《动物世界》，里面有一个故事特别令人感动。

猎人想抓捕一头母狮子但总是不成功，有一次终于抓到了它的一窝孩子，于是把小狮子拴在院子里诱捕母狮子。

母狮子真的来了，她并没有试图救她的孩子，而是丢给孩子们几块肉吃就含着泪离开了。

肉里有毒，小狮子都死了。这个母狮子了无牵挂地远走他乡了，从此谁也没有再见过它。

62. 幼儿园老师教我们唱一首歌："白发苍苍的老奶奶，独自走在小河边，走一走，看一看，河东河西都找遍，问你在找什么，我在找童年，童年啊童年，在我的心里面。"

那时候我根本不知道这首歌背后的意思，一边唱，一边闹。

63. 我第一天上幼儿园就被老师罚站了，因为我在上课的时候忽然想尿尿，于是我站起来就去了。

64. 过年我哭闹着要新衣服，我妈不给买，我爸爸年三十的早上带我去镇上买，最后我们挑了一件极丑的大粪色上衣。回来后我妈数落我爸眼光差，我爸还很理直气壮："那你不给她买，说买了就要买嘛，你干吗骗她。"

我在日记本上写：啊，我的好爸爸。

65. 我跟我妈吵架了，起床后就坐在沙发上以一动不动的方式抗议，我爸把我拉到洗脸盆前面我还是一动不动，我爸说："妞妞，爸爸给你洗脸，你记得把这件事写到日记本上。"

我在日记本上写：啊，我的好爸爸。

66. 健力宝可真好喝。

67. 我妈的店不知道挣了父老乡亲们多少血汗钱，年前我妈就把鞭炮、对联摆在大街上，年后走亲戚的时候就换成饮料、饼干。我负责站在大街上卖，我大哥负责算账和收钱，二哥负责称重。

我是南刘岗村中心大街的销售之花，在寒冬腊月呼呼的北风中怒放。对待老乡如亲人一般热情：你就放心在我这儿买吧！走到前面你再问问，买贵了我管给你退！再不可能有比我们家卖得便宜的了！

我哥说："你瞎说什么，万一有呢？"

我说："那就退呗。"

68. 我们思想品德课的老师上课很有特点，每次上课，她就挑一个人起来把今天要讲的章节念一下，念完后布置一下作业就要下课了。

老师从来不叫我，因为我念课文特别快，念不到下课。

思想品德课的老师，是校长的小姨子。

69. 上四年级的我最苦恼的事情就是，课间同学走到我座位旁边一伸手说："这是你妈给你带的煮鸡蛋。"

我妈总怕我吃不饱，就拦着从我家门口路过的迟到的同学给我捎吃的。

70. 班主任特别奸诈，他家里有很多书，说欢迎同学们周末去他家借书看，实际上是叫我们去他家麦地里帮忙拔草。

我们像一群蹦蹦跳跳的小兔子一样积极踊跃地去了，欢快地拔了一下午的草，最后也没有借到书。

我小时候咋那么傻呢，好糊弄得很。

71. 校长把半个操场的地方划给老师们当菜地，我们语文老师无精打采地上完课，就冲到操场上热火朝天地劳动起来，又是拔草，又是浇水的。

72. 六（二）班有个男同学塞给我一封信，我还没来得及拒绝他的爱，他就说：你把这封信给你的好朋友刘志华。

他转身一走我就把信拆开了，里面写着：我永远爱你，永远，永远……

我一下震惊了，这种句式我就写不出来，顿时觉得他的文学水平好高啊。

73. 姜老师要被调走了，我们都十分舍不得她。暑假的时候我们约好了去她家里看她，每个人从家里拿一个鸡蛋或者一包方便面，给她凑礼物。

在大太阳底下走了好几里地才到她那个村，午睡中被叫醒的老师看到我们一脸震惊。我指挥同学们在院子里排成队，给老师唱了一首歌：老师啊，亲爱的老师，我们为您唱赞歌。您心中燃烧着一团火，温暖着我们的心窝……

所有的同学都哭了，老师也被唱哭了。

74. 刘志华经常从地上拽一根野草，说送给我做信物。我随手就不知道丢到哪里去了。

过一段时间她就会问我："我送你的草呢？"如果发现不见了，她就会认为我背叛了她。

75. 老师总夸我作文写得好，其实我写作文的水平取决于作文书上有没有这一篇。

76. 刘丽娜借给我一本成语书，导致我写出了"考完试后，有的同学横眉冷对，有的同学喜笑颜开"这样的句子。这不是段子，这是真的。

请记住，永远不要借成语书给小学生。

77. 姥姥总是把好吃的锁在一个神秘的柜子里，每次我去她家，她就掏出钥匙把柜子打开，拿点饼干、水果给我吃。

姥姥的钥匙，多一眼都不给我看。

78. 大哥总是告诉我，其实我不是我爸亲生的。那是一个风雪交加的夜里，当兵转业的爸爸在广州的火车站里捡到了襁褓中的我。我哥说得声情并茂，还指出当初包裹我的那个小褥子就是我们家的某一条，证据确凿。我每次都被我哥说哭，我哥就会哈哈大笑说："骗你呢，你也哭。"

我哭是因为，大哥讲的这个故事真的好悲惨啊。

79. 大哥经常换不同的版本讲我不是亲生的这个故事，有时候故事中还会出现我亲生的妈妈，我亲生的妈妈把我交给现在的爸爸并且含着泪说："你一定要把这个孩子养大。"

周一学校举行升旗仪式，老师在主席台上讲话，我不知道脑子里哪根筋短路了，忽然觉得自己可能真的不是亲生的，我和我哥差那么多岁，并且我们全家只有我这么漂亮。

如果我不是亲生的，那我爸、我妈、哥哥们其实都不是我的，他们这么好，却不是我的。

我哭了起来。

80. 每次计生委下乡检查，我妈就叫我躲到柜子里藏起来。她说如果我被抓到了的话我们家就完蛋了。

其实我家早被罚完款了，我妈之所以这么做，是因为好玩。

81. 我哥从钱包里掏出一个女孩子的照片，问我："这个女生好看不？"我一下警惕起来，问他："这是你女朋友吗？"他说："不是。"

其实就是！

我妈在这个暑假里一直带着点兴奋地左一句右一句问他这个女生的情况，每问一次我都要大哭一场，大哥他竟然背叛了我。我在日记本上写自己多么多么伤心，写完后再滴几滴眼泪在上面，然后假装忘记把日记本收起来，希望我哥可以看到。

其效果是我哥觉得我很搞笑。

大学毕业后我告诉我哥我找了一个男朋友，我哥第二天打电话告诉我他晚上做了一个噩梦，梦到我丢了，全家都在找我。

他也很搞笑好不好。

82. 开学头几天，我送我哥到车站，看到了照片上的女生。那女孩的爸妈来送她，看到我哥矮矮黑黑丑丑的估计不是很满意，脸色不是特别好。

我暗暗发誓，我将来要很厉害，给我哥至少娶两个老婆。

83. 我翻我大哥的书包，翻到一封没有寄出去的信，信中首先写自己是多么多么渺小自卑，然后说，这时候，××（一个女生的名字）像一个天使一样来到他身边。

呸，我才是天使。

84. 我妈找不到遥控器的时候总是问我："找台机去哪里了？"
仿佛我们家的电视有一百英寸那么大。

85. 我夏天放学回家，必须做的一件事是站在落地扇前面冲着风扇喊"啊啊啊"，左手做个小喇叭，右手做个小喇叭，唱一首《小冤家》。

86. 我妈一打我，我就假装哭得喘不上气来，吓唬她。

87. 爸爸带我去地里给玉米苗施肥，他负责施肥，我负责从别人家的地里捡肥料块，扔到我家地里去。

88. 我妈打我哥的时候特别凶，经常是二哥犯了错，连上大哥一起打，我就在边上看热闹。
我妈吼："给我跪下。"
大哥扑通一下就跪下了，二哥一动不动。
我妈把二哥打一顿，打完再把大哥打一顿："叫你跪你就跪！你是不是男子汉啊?！"
如果我爸在场，我妈就会顺道数落我爸一顿，我爸特别委屈，总是说她一竿子打十八家。

89. 我妈教训人有自己的一套，二话不说先打一通，然后再连哭带骂地演一通。先说："你知道这个世界上谁最爱你们吗？是我！是你妈！"最后再具体举例说明，住在姥姥家对面的那个女的喝毒药死了，留下两个孩子多么可怜。

我妈说得特别动情，说那两个小的，一天到晚黑乎乎的，没有人给洗澡，边说边准备澡盆子，把我们三个挨个儿按进去涮一遍。

90. 过年头几天爸爸带我们全家去祖坟上烧香上供，我们带了猪头、水果，还有一大堆的纸钱金元宝，我和妈妈负责烧香点纸钱，我二哥和爸爸负责去点鞭炮。

我大哥拿了一根树枝说："老祖先，我给你耍一段大刀。"然后他哼哼哈哈地耍了几分钟，兴高采烈。

我觉得老祖先一点也不想看。

91. 我妈在观音像前一边烧香一边念叨："各路神仙行行好，保佑我们老大在考场上眼明手快偷看抓不着。"

92. 我大哥说："你知道什么是社会吗？"我说："我不知道。"我大哥吸一口气说："社会，就是人。"

我说："哥你好厉害。"我哥说："这不是我说的，这是一个叫马克思的人说的。"

93. 我惹我大哥不高兴，他说："如果你肯吃我一粒鼻屎，我就原谅你。"

过年的时候全家凑在一起斗地主，大哥规定赢了的人往输了的人脸上吐口水，大过年的我输得跟用口水洗过脸一样。

大哥叫我把手指头放到他的大脚趾和二脚趾中间。我听话乖乖放了，大哥俩脚趾一使劲，夹得我吱吱哇哇叫。我说：哥，你的脚趾怎么这么有劲？他嘿嘿一笑说："我之前得脚气的时候，两个脚趾相互搓着挠痒痒，搓着搓着力气就很大了。"

我大哥这个人，真是很恶心。

94. 我中午放学回家发现家里挤着好多人，原来是工商局的来我们家收税，我爸没钱给，他们就去柜台里抢东西，我妈上去拦，拦也拦不住。我哭着跑上去帮忙，我妈看到我说："使劲哭。"我只好哭得更大声。我妈狮子吼工商局的那些人："你们把我的孩子吓到了！你们还抢！"我立刻假装哭得闭过气，一抽一抽的，配合我妈。

95. 说到鬼子，我听人家说我爷爷给鬼子指过路。鬼子问我爷爷，往西是什么地方。爷爷说，往西还是我们村。

大家不要责怪我爷爷，他就是一个会害怕的普通人嘛。活着时一心一意想入党，到死都没有入成，这跟村里复杂的斗争有关系，爷爷在村里有反对派。我姑说："告诉你，你也不懂。"

96. 作为学校少先队大队长，我把好朋友们都安排当中队长，包括刘丽娜、刘琪、刘志华等。每周一次的少先队员大会上，我都给大家起头唱：我们是共产主义接班人……每次大会我比较在乎的是这次唱歌是我还是刘志华领头，其他的我不在乎。

97. 学校组织六年级的学生上晚自习，这太新鲜啦！把我和我的好朋友们都激动坏了，我们把桌子拼凑在班里唯一一盏昏黄的灯下，聊天、打牌、嗑瓜子。

98. 班上的女同学富华下课后在门口站着问语文老师问题，男混混小孟站在她后面用手环成一个圈圈做抱住她状。她一回头发现了，足足骂了小孟一下午。骂词花样百出，还有唱腔，循环往复。

小孟回头悻悻地告诫他的哥们儿说："班上的女生谁都能碰，只有这个刘富华不可以。"

99. 小学同学里有三个去世了，一个体弱多病的，一个出车祸的，还有一个在火车道上拉屎，火车来了，人没跑开。

100. 升四年级时选班委，会唱歌跳舞的女孩当选文艺委员，活泼爱动的男孩当选体育委员，学习好人缘好的当选学习委员，老师看了看我，个头小没特长，说："你就当'全面'班长吧！"

101. 我们班能把自习课上成一台《春晚》，大家都自由地走来走去找人聊天。我跟几个班委去管后排那些调皮的男生，谁说话就打谁的手心。没想到总是带头捣乱的张子鹏居然被我们打了几下打哭了，我一下就蒙了，请问他不是个混混吗？怎么会一打就哭了呢？

102. 更让我觉得意外的是，第二天上课之前，作为班长的我照常点名。教室里进来一个女的打断我，她说她是张子鹏的姐姐，叫昨天欺负她弟弟的人都站起来。

我立刻跑到座位上站起来，张子鹏姐姐是初中生，比我们大，就比我们可怕。他姐带着他从前往后走到每一个站起来的人跟前问他："这人昨天打了你几下？"张子鹏说打了几下，他姐就打那个班委几下。

到我的同桌吴红梅的时候，吴红梅像刘胡兰一样昂着高贵的头颅壮烈地说："有理走遍天下，没理寸步难行，你不能打我，因为是你的弟弟先犯了错。"

请问我们是三年级的小朋友吗？为什么她能这么讲道理，还这么勇敢？

103. 这件事情的结局是：第二天张子鹏的姐姐写了一封信给我们，由我在点名的时候阅读，在信中她诚恳地向我们道歉，充分肯定了她弟弟的活该。

混混头子张子鹏在我的眼中更厼了，从此，高大威猛这个词只能形容我的同桌吴红梅。

104. 放学后我会去刘志华家里玩，她拿随身听给我放了一首《迟来的爱》，太好听了。我们俩就放一句按一下暂停，抄下来歌词跟着唱一句。

我们用这种方式学了好多首歌，还专门有一个抄歌词的本。

105. 我妈不让我二哥放风筝，当着他的面把他做的风筝给烧了，我二哥眼睁睁地看着她烧的，他说，他想死的心都有了。

106.《还珠格格》的所有贴纸我都有，主题曲、插曲我都会唱。每天晚上睡觉前，我都幻想我是小燕子，在脑海中跟五阿哥把电视里的剧情演一遍。

其实尔康也很帅。

当我在五阿哥和尔康这两个男人之间犹疑不决的时候，刘志华对我说她想当紫薇，叫我不要想尔康了。

107. 小学毕业典礼完毕之后，校长把我叫到办公室里，给了我两块钱说："去你家给我买点化肥。"我在回来的路上迎头碰到我暗恋的隔壁班男生正要回家。

我心里悲伤极了，我再也见不到他了，最后一次见他我手里居然还拿着二斤化肥。

108. 最后一个儿童节时我表演了一段豫剧《穆桂英挂帅》，下台之后我听到两个老师在窃窃私语："刘媛媛的声音不好听，如果换成某某某来唱这一段就好了。"

这两个老师平时都特别喜欢我，但这是不好的话，我知道。于是我呆愣在原处，没有走上前，我想如果他们知道我听到了，会很尴尬吧。

我的童年结束了。

人从必须要考虑别人感受的那一刻起，就跟肆无忌惮的童年说了再见。

109. 如果给你一个机会可以回到过去，你最想回到几岁？

我很想回到十二岁之前，那个年龄段没有爱情，没有奋斗，没有任何重要的事情，今天很忧愁，明天就遗忘。

一无所知地过着自己这辈子最喜欢的一段时光。

这就是生活最喜欢开的一个玩笑，我们总在期待将来，殊不知所在的此刻可能就是一生中最美好的，而这一切，总要等到后来回首才能发现。

成长是一扇树叶的门，童年有一群亲爱的人。

而成长是一个不可逆的过程。

我们最终往更大的世界里去了，终身流浪。

或许有一天，我们会坐下来跟别人聊聊童年，那些温热的、滑稽的、可爱的小事情，都牢牢地存在回忆里，成为回不去，也成了总想起。

余生尽欢。

各自珍重。

因为喜欢你，所以变成了更好的人

▼
▼

> 感谢她这么多年，让我心里有一个想要成为的人。
> 虽然我最后没有成为她，只是成了一个更好的自己。

曾与蒋方舟在某个场合相遇，她在现场说了一句话让我想了很久，她说，当你不知道成为什么样子的时候，先不要着急成为谁。

其实对大多数人而言，在不知道自己可以成为什么样子之前，只能想成为谁吧。

作为一个从小地方来的对社会知之甚少的姑娘，上大学前我从来没想清楚过自己未来在社会上可以做什么。高一时偶然从同学那里看到了一本书叫作《心相约》，陈鲁豫写的，里面描述了一位主持人成长过程中的精彩与坎坷。

那时候我想，人生就应该这样过。

后来我跟大宁还专门跑到书市去买这本书，她冒着雪骑着自行车载我去的，一路上我把那本书郑重地揣进怀里，像揣着一个热腾腾的梦想。到学校后我跳下车跟大宁说："你觉不觉得我们特别傻，为了一本书冒雪跑这么远。"

她说："并没有。"

在她的眼神中我看到那种革命同志的感觉，像地下党一样，表面一言不发，内心汹涌澎湃。

书里我最爱的一段是，鲁豫姐写自己第一次紧张忐忑地直播新闻节目，播完被老板赞道"创造出一个播新闻的新形式"，然后她跑到洗手间哭得稀里哗啦。在以后的日子里为了这个节目，凌晨出门去上班，边化妆边翻看各种报纸，为了这个节目昼夜颠倒。

这种状态我特别迷恋。

那时候的我单纯幼稚，热爱孤独、勇敢、悲痛、泪水、成功、忍耐、感动这些词语，永远在追求壮烈的人生，追求那种笑着哭出来、哭着下决心的时刻。

但是高考结束后我选择了经济类的专业，并没有选择传媒类。

为什么？人不应该聆听真实的内心、做真正想做的事、感受理想的召唤吗？

因为自由是有基础的。而当时的我，什么都没有。

报考的时候我稍微考虑了一下，在我哥说到应该学一个更"实用"的专业时，就决定了报一个经济类的专业，当时认为这样的专业"物质转换率"更高。与每一个出身不够富裕的孩子相同，与每一个未来要离开故乡去北上广漂泊的人相同，与每一个背负着父母渴望的孩子相同，我们认为"物质"虽然不是追求，却是必要的保障。

我不能复制鲁豫姐的人生，人有千百种性格，以及不同的背景，而且机遇也有偶然性。付出总有回报，但是并不能给人等量的同种类报偿。从一个起点出发，即便是付出同等努力，终点也可能不同。

好在我们后来相遇了。

在《超级演说家》第一场比赛时，只有一位导师拍下我，那就是鲁豫姐。其他老师问我："你哭是不是因为鲁豫姐给你温暖感动你了？"

我只能摇头，这"渊源"，在我的大半个青春中"流长"，怎么能简单地归结为感动？

报名的时候我就想，这一定是上天给我的信号，鲁豫姐、演讲节目、我年少时的异想天开，这些东西联系在一起，冥冥之中召唤我，叫我来，叫我来跟十五岁的自己相逢。

人们不知道，我在内心走了八年的路，长途跋涉，才站在她的面前。

对她来说，我是毫不相干的陌生人。

对我来说，她是我从十五岁就认识的人。

大学的时候我贴她的海报在寝室里，朝夕相对，每次抬头看都觉得无限安慰。

如今我站在她的面前，千言万语变成无语凝噎，只能偷偷地在心里说：你好。

我真感谢自己的勇气，勇气就是马良神笔，让她从寝室墙壁的海报上走下来对我笑，对我说加油。曾经，我对她而言是芸芸众生中的一个，而如今，当我徒步在茫茫人海，千枝万枝中她能够辨认出我这一朵，就像小王子的玫瑰花，不同于未曾谋面的任何一朵。

比赛结束后，鲁豫姐就从导师变成了我的朋友。荧幕上她已经被固定成一个符号，瘦且知性，仿佛跟当下流行的偶像气质一点也不符合。但生活中的她是自由随性的，她其实特别不爱当青年导师指点别人的人生，认为每个人都有过自己生活的自由。在比赛过程中也只是站在客观的角度提出对我们稿件的感受，绝不会干涉你讲什么或者怎么讲。她采访过的人不计其数，政要明星，普通百姓，但是每次在给我建议的时候都会说：虽然我不怎么通人情世故，但是我觉得……

她曾在吃饭时跟我提起，你要允许别人"借你的光""占你的便宜"，有时候是要吃一点亏的。

这句话让我在后来无数次受用。

我到现在也未跟她说过感谢、感激、感恩之类的话。毛姆说，儿童时期缺乏爱的人，在长大后如果被爱都会感觉尴尬。我儿童时期不缺乏爱，在长大后却一直很孤单，每次被人表达喜欢都会觉得尴尬，更不懂得怎么不尴尬地去表达喜欢。大概最能表达我对鲁豫姐喜欢和感谢的一句话就是，等你老了不想工作了，我就养你。可是这句话不太适合告诉她，她不需要我来养，她也不会老。

好在她也是一个面对深情不知如何是好的人，很少表露，尽量深藏，她在舞台上曾说"我在人前的泪点很高，不轻易哭，会让人觉得我很奇怪，但可能夜深人静的时候，我内心会翻江倒海"。她在家里翻江倒海的时候曾发微信对我说：我果然回到家就哭了，其实我也很爱你，你看到就好了，不要回复这条微信。

她都明白的。

感谢她这么多年，让我心里有一个想要成为的人。

虽然我最后没有成为她，只是成了一个更好的自己。

这句话好俗气，但是我也想不出别的话来表达此刻的感情。

我曾在微博上开玩笑说，**人这一生一路都充满了不幸福的风险，十多岁背负学习压力，二十多岁迷茫，三十多岁事业彷徨，四十多岁中年**

危机，五十多岁更年期，六十多岁之后开始怕死怕生病。

如果你在一路上能遇见这样的人——

他或者善良，或者漂亮，或者才华横溢。

他是仰望的理想，是单方面的热恋，甚至可以是幻觉。

迷惘混乱的青春里，他抚平你的焦虑。

平凡暗淡的岁月里，他点亮你的生活。

在地铁上、大街上、商场里，看到他的海报和广告会心情忽然变好。

不被家人、朋友理解时想到他会觉得安慰。

因为他，认识了许多志同道合的新朋友。

不允许别人说他的坏话，维护他就像维护自己的梦想一样。

他是朋友，是老师，是偶像，是你最亲密的陌生人。

知道他的存在，这已经是一种幸运。

更值得感恩的是，没有用他来掩盖对自己生活的失望，或者仅仅把他当作激素作怪、性冲动使然的意淫、择偶对象，而是在那一段时光里，始终向着他的光亮前行，接近他、遇见他，甚至成为他，即便曾丧失过生活的信心，也不曾放弃过他和自己。

九把刀拍电影时找来了青春期幻想过的女神周慧敏。

杨紫在微博之夜遇到了偶像赵薇，把照片发出来外加几个流泪的表情。

斯库林从小到大的偶像是菲尔普斯，在里约奥运会上却战胜了菲尔普斯夺得了冠军。

简直没有比这更励志的事情了。

你见过你年少时的偶像吗?

不是粉丝和偶像的那种见面,而是,就那样,以一个平等的身份,站在他的面前。

如果没有的话,还要继续努力啊。

▼

走向成功，只需要五步

在飞机上我百无聊赖，胡乱翻时发现航空公司放杂志的地方藏着一本《青年文摘》。

《青年文摘》是我读初高中时的流行杂志，每次都是从同学那里借过来，迫不及待地翻看"青春风铃"的部分，然后才老老实实地摘抄其他有用的部分当作文素材。

不用写应试作文之后我就再也没摸过任何一本《青年文摘》，隔了多年打开一本看，还是熟悉的排版和文风。

在"人生"这个栏目下有一篇文章叫作《是那些微小的改变，让我们越来越好》。

文章的开头写道，作者的朋友胖了，办了健身卡却没有经常去，总说等自己赚够钱了就去少有人住的海岛，过闲云野鹤的生活，每天练两个小时的瑜伽。作者反思道：我们常常迷恋重大的改变：等我有钱就好了，等我换工作就好了，等我换个城市就好了……那些重大的改变像小时候作文本上的远大理想，似乎实现了，一切都将迎刃而解。且不说重大改变是否能够到来，即便最终到来，是不是就一定如我们想象那样美好？

　　想起来前两天看的王健林的采访，（当时的）亚洲首富王健林在节目中说起自己当年下海经商，在第一笔旧城改造的业务中赚到了一千万，回去就义无反顾地把政府职务辞掉了，谈起挖到第一桶金时的幸福和满足，隔着屏幕我都可以感受到。

　　我又想到了我的朋友张，张是我见过的整形最成功的姑娘。

　　张是我考研期间的研友，个头跟我一般高，胖瘦也差不多，比我白，可惜单眼皮肉肉的，显得不精神，还有点小龅牙。学习累了的时候我们聚在一块说话，她总念叨说存够了钱就去割双眼皮——"等考完了我就去……"，这是在枯燥难耐的备考生涯里最常做的梦。

　　考完试之后我们各自回老家，一直到成绩出来确定考上后约在五道口聚餐，我才在考试后见到她第一面。那天她两只眼睛肿得老高，说自己刚做完双眼皮手术，不能吃辣，不吃烤肉，不吃火锅，最后只能找了一家粥店，几个人凄凉无比地对着喝粥。再次见到她就是开学报到的时候，她的双眼皮已经修复好了，又打了瘦脸针，眼睛确实更加精神漂亮，连我这天然双眼皮都不如她那手工双眼皮自然合适。脸是否瘦了看不出来，但是整个人确实是瘦了，长达一个月不吃油腻辛辣的食物，不咀嚼硬物，自然会瘦。

　　瘦了之后她笑起来让人觉得神清气爽，这是我第一次看到一个人可以"由外而内"地变化。

　　当然我不是想鼓励女孩子去整形。

　　我是想说，当期待已久的重大改变到来的时候，真的挺美好的。

　　为什么有那么多的"等我有钱了……""等我瘦了……""等我有对象了……"，到最后却没有等到呢？

这些话其实连目标都算不上，没有期限，所以被无限地推迟。没有具体的标准，也就谈不上行动的方案，最终能否实现要靠感觉，凭运气。大多时候我们说这些话，不过是对于眼下困顿生活的无奈叹息，不过是对渺茫未来的希冀，更多时候是在社交网站上的转发——"等有钱了一定要这样装修""等瘦了一定要这么穿"……

那么，要怎样才能实现这些重大改变呢？

桥水基金的创始人 Ray Dalio（雷·达里奥）把自己的人生经验整理成二百多条原则分享出来，其中就有关于如何达到目标的。

他说，要达到目标，只需要做五件事。

1. 选择一个清晰的目标。

2. 找到那些阻碍目标实现的问题。

3. 精确地诊断问题。

4. 设计计划并列出任务清单。

5. 坚决执行并完成计划里的任务清单。

听起来不复杂，不过是把你的人生想象成一个游戏，你的使命是完成挑战实现你的目标。不过实施起来肯定没有这么简单，比如他说："理性而清晰的头脑对完成这个过程来说是非常必要的。"理性而清晰的头脑数量本来就不多。

反复阅读《原则》这本算不上书的书是我最近最喜欢做的事情之一，我还试图去实践 Ray Dalio 提出的 principles（原则），尤其是这五个步骤。每每做事毫无头绪的时候，我就喜欢把它拿出来对照梳理一下，千头万绪好像都有了来去之路。自己到底需要做什么，还没做什么，先做什么，后做什么，困难是什么，方法是什么。

人站在山下抬头望山，会畏惧它的巍峨高耸，但是找到了路往上爬，反而没那么多想法了，只一心一意向前就好。

走到最后，就会自然而然地实现那种重大的变化。

《生活大爆炸》的某一集里，Abbott（阿博特）教授去世了，Leonard（莱纳德）他们去教授办公室里收拾他的遗物时，Leonard 感慨地说：I still keep thinking about how an entire life can seemingly amount to nothing.（我一直在思考，一个人的一生怎么能一无所成呢。）

Howard（霍华德）说：I guess the sad truth is not everyone will accomplish something great. Some of us may just have to find meaning in the little moments that make up life.（事实就是这么悲哀，不是所有的人都能功成名就。我们中的有些人，注定要在日常生活的点滴中去寻找生命的意义。）

当无法 accomplish something great 时，也不必绝望，我们还可以 find meaning in the little moments that make up life。

如果想获得重大改变，需要调动全身的智与力，去筹谋，去计划，去坚持，去实现，这远比找到小确幸要难，并不是每个人都能做到的。

所以我们中的有些人，需要去找到那些小确幸让生活有意义。

只是要警惕自己的头脑犯懒，在改变现实和改变想法之间选择更容易的那条路来自我敷衍。

"既然现实无法改变，那就改变自己的想法吧。"

很多时候，我们误把不会当成了不想。

从小到大，我们根本没有学习过到底如何去实现自己的理想。

我们都是这样一路被教育过来的：你要好好听课，你要认真完成作业，你只要好好学习就行了。每个学期都被老师排满课，高考复习计划也是老师带着做三轮，甚至，我们连梦想都不必有，所有人的梦想都一样，去考一个名牌大学。

除了一些早熟早慧和自我管理能力比较强的学生之外，大部分学生都没有管理自己和规划人生的能力，你被拖着、拽着、鞭策着、鼓励着，也挨着、麻木着，像一台机器一样毫无目的地转动着。

这么多年以来，从来没有人教过你，一个人到底要如何去寻找自己的兴趣，怎么拥有自己的特长。

这么多年以来，没人把这些当作学习的重点：如何规划自己的人生，怎么才能找一个有意义的目标，怎么做才能实现这个目标，如何克服懒惰、对付拖延、安排时间。

所以，当我们面对铺天盖地的现实，当我们需要单打独斗去找一个理想来实现时，会害怕、迷茫、自我怀疑。

这很正常。

就从现在开始，要自己去学习怎样为一个重大的理想而努力，完成这方面的自我成长。

市面上有成千上万本教人设定目标、做计划和管理时间的书，有些就是拾人牙慧，有些还是挺有用的。每个人都要去找到自己喜欢的和适合的方法，就像上学期间老师说同学们一定要找到适合自己的学习方法，虽然老师从来没告诉过我们到底都有些什么方法。

生活中不缺乏小确幸，小确幸就像小浪花，记得提醒自己去发现，就可随即体验。

而当我们做出一个深谋远虑的计划，经历刻骨铭心的波折和含辛茹苦的忍耐，最后迎接云开雾散的结果，就会给生活带来一场海啸，体验到酣畅淋漓的激动和快乐。

我希望自己在生活中经历一场海啸，而不是因为缺乏智慧、缺乏冷静、缺乏毅力、缺乏自知之明，最终什么也没有完成，只是从一个镜花水月的幻想到另一个镜花水月的幻想里，只是拥有许多稀里糊涂的小确幸。

如何"表现"成一个有趣的人

我有一个朋友外号叫"八爪鱼"，意思是可以脚踏八只船，同时跟八个女生谈恋爱。

大学开学报到的时候，八爪鱼特别兴奋地发短信跟我说：这一园子活蹦乱跳的女生都可以是我未来的女朋友啊，真是太幸福了。

追个女朋友对他来说，就跟去菜市场买一条鱼那么简单。

八爪鱼本人微胖，挺白的，个头一米七五左右，外表一般，家境一般，能力更一般，干什么都差点意思，连期中考试都得安排好学霸坐旁边方便抄答案。但这货追女孩，一追一个准，用他的话说，"在这方面，罕逢敌手，不曾一败"。眼睁睁看着女孩子们前仆后继地跟他好，而且都是那种瘦白瘦白的人间精品，我只能愤愤地想：她们一定是被逼的！

我一直鼓励八爪鱼开一个公众号，或者写一本书，教直男追女神。

八爪鱼笑成很可爱的样子问我："为什么非要我写啊？"

我说："那些英俊多金的男生自然有很多人喜欢，只有你这种又穷又丑又受女生欢迎的人才是真正有技巧的。"

八爪鱼说："这有什么难的，在学生时代追女生，不用有车有房，只要有意思就行。"

八爪鱼本身是一个很内向的人，小时候是留守儿童，爹妈在城里工作，跟着爷爷奶奶长大，性子慢，还不爱说话，读初中时才被接到城里。刚开学到了我们班上，是个安安静静的小透明，坐在墙角跟墙壁融为一体，普通得不能再普通。然后过了大半年，这家伙就泡到班花了。

班花同学一下课就坐到我们前排同学的座位上，扭过头来跟八爪鱼聊天，看他看得特别紧，不允许八爪鱼跟其他女生多说话——我除外，作为八爪鱼的同桌，我表现得一心向学、心无旁骛，看他就跟看空气一样。

班花也不是神经病，她之所以担心，是因为八爪鱼是一个特别招女孩子喜欢的人，跟那些中二的小男生不一样，跟那些在女孩子面前面红耳赤、张口结舌的男生也不一样，他在那个年纪就已经在女孩子面前表现出幽默有趣这种稀罕的品质。连我都因为他的有趣，而忍受了他"三妻四妾"的道德瑕疵，"勉强"跟他成为朋友。

刚上大学那会儿，我特别不适应。高中时只爱学习，对同学们没什么兴趣，不怎么跟同学们打交道，到了大学，同学出去聚餐，什么话题我都参与不进去，好不容易插一句话进去又觉得自己说得好无聊，后来只能垂头丧气地闷头猛吃。

跟八爪鱼聊 QQ 时说到这件事，我开玩笑说："如果我像你那样招女生喜欢就好了。"

有心的八爪鱼不远千里从重庆给我寄来一本"武功秘籍"——他初高中时期的笔记本，我打开一看，密密麻麻的小字记的不是几何、代数、物理、地理，全部是笑话，有他从别人那里听来的，还有从贴吧里摘抄的小段子、综艺访谈节目中的梗、有意思的广告语，更多的是生活中的对话，他还分析套路，总结一些好玩的经验和心得，一页一页的，字迹很清楚。

八爪鱼说，他还会定期地翻看复习，然后在女生面前试着用这些素材吐槽接话，慢慢地就熟能生巧啦。

我像个特别讨厌的家长一样说话恶心他："如果你在学习上有这份心，早上清华北大了。"

其实我当时想的是：原来有趣并非天生的魅力，完全可以后天练成，按照套路去训练最起码可以"表现"出有趣来，原来我听到的诙谐语气、信手拈来的可爱用词，看到的滑稽表情，以及自信，背后也是枯燥无味的练习而已。

八爪鱼为了在女孩面前变得幽默，做了下面的事情。

第一，积累素材，学习套路。

不仅是搞笑的套路，还有怎么哄人、怎么拒绝等各种情况。他本子里记录了很多案例，有他自己经历的，有他看到的身边人的对话案例，甚至还有与男生和女生常用聊天话题的整理，他给这些套路命名为：反转、对冲、否定之后的肯定，等等。

第二，反复试验，分析反馈。

为了追女神，他会先拿前桌的胖丫做试验，天天跟胖丫讲笑话，然后把自己总结出的心得一条一条写下来：今天给某女孩讲了某笑话效果不好，可能是语速太快了；必须带着善意去吐槽，一个心思恶毒的人很难让人发笑……诸如此类的反思和调整。

第三，形成风格，养成习惯。

八爪鱼对于"幽默"这件事很熟练，常年浸泡在百度笑话吧并且反复试验之后的他慢慢地找到了自己最适合讲的一类笑话。他的搞笑日记本已经不再更新了，但是他仍然是个有趣的人，跟朋友在一起时总能合宜地吐槽和接话。他不是声音最大的，也不主动说什么，但是每一句话都让人记忆深刻。

后来我也开始用手机去记录和学习一些好玩的聊天模式，并且也主动地去试验，把每次的聚餐对象都当成小白鼠，把每次人多的场合都当成舞台彩排，实在插不上话的时候就认真听别人聊天，假装随意地掏出手机记录下觉得有意思的一切，回去后把这些整理到电脑上，命名为"聊天笔记"。

有一次跟新认识的朋友们吃饭，席间聊起明星的八卦，A 是娱乐记者，采访过许多大明星，她跟我们讲最近采访的一个女神大明星，气愤地声讨女神的坏脾气和装模作样，最可气的是女神居然亲自打电话让她一句一句地改采访稿。B 是做电影的，她接着 A 的话说，还有个更劲爆的，某知名女明星其实已经跟老公离婚了，还天天带着儿子上节目秀恩爱。

我平时根本不关注什么明星八卦，另外一位女生估计也是，但是不同于我的安静，她全程都在配合地问："真的吗？还有呢？"发问后还会插科打诨，有这样一个优秀的八卦倾听者，一桌子人越讲越起劲，一场饭局下来，大家都很开心。

"不用当主角的时候，就去充当重要的伴奏，如果你不想做壁花少年的话。"

在我大学时期的聊天笔记里，我写下这句话并且配了前面的案例。笔记里甚至还有一章专门写"当室友收到了从淘宝上买的新衣服时，我要说什么"。

我看自己十七八岁写下的这些笔记，都要为自己过去的幼稚与用心偷偷笑出来，完全不知道怎么跟别人打交道的我，在这样训练自己小半年之后，仍然算不上什么"有趣"的人，但终于可以毫无压力地表现出"开朗好玩"了。

你说，学习这些套路和技巧有什么用？

当不得什么大用。

八爪鱼同学，作为一个内向的小透明，也不是天生会聊天，他费尽心思地学习社交技巧，努力练习在他人面前表现幽默，是因为体内原始的求偶冲动。

我，作为一个长期潜伏在人类社会中的孤独异类，在当时学习这些只是为了融入其中，表现得像一个正常人。

我很喜欢这个过程，通过努力练习获得某项技能，并且被别人肯定。成功带来的励志并不是重点，重点是，可以感受到自己面对困境并不是无能为力的，作为一个渺小脆弱的人，我可以通过自主安排时间，支配和管理自己的行为，找到通往某处的一点方法和规律。

这种感觉特别好。

而且，时日越长，我越发现这么练习的好处不只是信手拈来几个段子而已，人真的可以因为"表现有趣"而变得"有趣"起来，养成"幽默化思维"，无论多倒霉的事情都能找到好玩的地方，无论多平淡的事情都能讲出几分可笑。长此以往，你也会吸引一些心态积极、说话有趣的人做朋友，甚至会激发与你一起的人同样也"幽默"起来。这就类似一种磁场，当我们与"有趣"的朋友会面时，整个人也会忍不住轻松起来，想要跟他同频。

"有趣"这种品质常被说得深不可测，好似没有读过千儿八百本的书，没有经历过风花雪月、远足旅行的故事，没有足够聪明的脑子和敏锐的感知力，就谈不上有趣。

其实无非心态罢了，**为人处世有分寸感，心地善良不讨人厌，看什么都**

高兴，做什么都好玩，并且能够感染到周围的人，这就是有趣了。

而这种有趣，是可以练习的。

人人都可以，无论你是内向还是外向，是美还是丑，是高还是低。

第四章

Chapter
Four

看我如何对付
这操蛋的生活

▼
▼

错了就承认，对了就坚持，被人感激坦然接受，
被人误会据理力争，不亏欠，不讨好，从内到
外，一片浩然。

原谅父母都是普通人

▼
▼

> 并没有多少人是生而完美的，
> 社会、父母、自身，总有让人遗憾的地方。

曾看到网上流传点赞的邹市明老婆的教子视频，儿子轩轩淘气，把蛋糕和水拌在一起，妈妈气他浪费粮食，一边不停地摆弄锅碗瓢盆做着饭，一边痛心疾首地教育孩子"钱是爸爸一拳一拳地打出来的"，并且在气愤到极点时说出了"我不配做你妈妈，你也不配做我儿子""滚开点"这种话。

这个过程中轩轩一直试图跟妈妈道歉，但是显然妈妈的情绪还很激动，无法平复，一直在拒绝。

我看到这个画面的时候，觉得很熟悉，小时候父母一边骂我们不争气，一边任劳任怨地给我们洗衣服、做饭，收拾我们留下的烂摊子。我妈在吃午饭的时候把我骂一通，然后等我饿着肚子去学校之后，她又站在马路上拦着路过的同学给我带煮鸡蛋，最极品的一次是让同学捧着一盒冒着热气的泡面给我捎到学校去。

妈妈在生气的那一刻也是真的讨厌我，想骂我，但还是害怕我会肚子饿，还是爱我。

再后来，我看到这个视频又被许多教育专家转载，画风已从一片叫好变为"痛心""批评"，说妈妈就是泄愤，严重伤害了孩子的内心，这样的教育只会让孩子抗挫折的能力变差，等等。

且不说这话是对是错，是否有道理，回应有同感的人倒是很多。

一个女孩说：我小时候掉一支笔、一个橡皮擦，我妈都能拿皮带抽我，那时不懂，现在才明白我妈是利用我发泄婚姻中的不幸福，不过我到现在仍然很害怕犯错，犯一点小错误都恨不得拿刀捅死自己。

大家都纷纷表示赞同，低头算自己童年时的心理阴影面积。

曾看过某网红谈论教育问题，他说，青少年成长岁月中的满足、幸福、骄傲是会记一辈子的，反之，也会遗憾一辈子，影响一生性格甚至人格的！所以当你的孩子问你要新手机时，如家庭条件不是特别艰苦，一定要买给孩子！别叨叨那些苦×的大道理，潇洒点，别让孩子因你自卑。

不知道网红经历过什么，但是评论里都是故事。

有位同学说：我支持买得起就一定要买，我初中之前没吃过任何零食，父母不给买，上了大学看见别人吃巧克力还去问你吃泥巴干吗，因此被嘲笑了。现在我可以三天不吃饭就吃巧克力，还吃不够，一种莫名的不满足，估计是得心理疾病了。

总是病态地跟孩子强调家里很穷，长期压抑他正常的物质需求，确实是一个很坏的教育方式，但是一味地满足孩子的购物欲望以达到让他不自卑、更自信的效果更是不靠谱。我有个初中同学，男生，家庭条件非常好，在那个年代的三线小城市耐克是超级大品牌、炫富必备品，他妈妈经常第一时间给他买耐克新上的鞋子，他每次穿新鞋子来上学，都活像一只金光闪闪的大白鹅，体育课上故意做出跷腿抬脚的动作，生怕别人发现不了他的新鞋子，我闺密在背后嘲笑他的炫耀："怎么不把耐克挂到耳朵上啊！"

我可以百分之百保证，这个人绝对不是个自信的人。尽管父母给他买最新的耐克鞋，开车送他上下学，生日送给他很贵的MP3，但他说话的时候总是一副底气不足的样子，喜欢讨好别人，内心虚弱。

他自卑的原因又是什么呢？

不知道从哪个阶段开始，我们发现自己的性格与父母和他们的教育之间有密不可分的关系，穿越悠长的成长岁月，从童年的过往里找到这些蛛丝马迹，说这些才造就了今天的自己。

由于太早离开家，我一度以为，塑造我性情和习惯的大多是后来的境遇，跟父母关系不大。

有一次我妈和亲戚坐在沙发上聊天，发现茶几下藏着一双拖鞋，我妈拾起来拖鞋抬手甩出去扔到门口鞋柜处。

我笑我妈："妈，你这也太野蛮了。"

我妈嘿嘿嘿笑："这不是省事吗？"

过了几周，我回到北京。

进门之后我全身心地瘫倒在沙发上，把鞋子一脱抬手甩到门口。

脑电波一闪，我忽然想起来我妈甩鞋的那个"野蛮"的动作。

我们粗鲁起来，简直一模一样。

我舅妈还说过，我说话时的神态跟我妈一模一样。

可能有基因的原因，也有后天的潜移默化的影响，毕竟有长达十年的时间与父母朝夕相处，并且在重要的幼年时期，在我像一张白纸一样的时候，从吃饭走路到待人接物，是父母有意无意地按照他们的价值观和心意在影响我，最终在我身上留下他们的影子。

我跟他们很像，并且被他们影响。

当我意识到这些时，我就经常偷偷地观察他们，我妈跟朋友聊天说话我很喜欢在旁边看，然后对照自己，发现她说话的某些语气果然跟我是一模一样的，我就挑出来哪些是喜欢的，哪些是不喜欢的，注意改正。

我妈很喜欢跟别人聊起她的三个孩子，无论是什么话题她都能七拐八拐地强行"碰瓷"到孩子身上。顾客来我家买东西，不仅要出钱，还要有耐心。

她一般会先装模作样地感慨一番："我家这个店位置好吧，开到这么大，唉，可惜以后要关掉了。"

一般对方会问："为什么要关掉啊？"

我妈就会带着遗憾的神色说："我家的三个孩子都出去上学了，都不回来了……"然后是一大段的炫耀，碰到配合的人就会顺着称赞："真棒！"碰到冷漠的顾客，那也没关系，没人接话我妈也能自顾自地按照这个套路说下去。

因为成长过程中时常因我妈做这样的事而面红耳赤，我想，我这一辈子大概都不会想做炫耀这件事。

曾试图改正她这个习惯，但后来发现自己这样做太残忍，这等于剥夺了她人生中的重要乐趣之一。

我妈的一生，就是为孩子牺牲奉献的一生，早餐买几根油条我妈都得留给孩子吃，自己则啃馒头。她很爱打麻将，但是她总觉得打麻将是享受放纵，是不务正业，只有为了孩子去干活、去赚钱、去省钱才是正确的，才是进步的，她始终都活在克制里，偶尔打完麻将回家就会有点讪讪的，怀抱歉意，努力表现得很好，主动刷碗或者说一点俏皮话。

到现在我妈六十多岁了，我经常想要塞钱给她，你要不要去打麻将，你爱打多久打多久。但我妈总是摆摆手说我不打，等我帮你哥把孩子带大了再说。直到现在在她的脑海里，享受仍然是一件有点羞耻的事情。她出去打麻将都是每周固定好时间去一次，玩的时间长了就会像犯错一样，来了北京之后干脆就没再打了。

她自己觉得为孩子付出和奉献是心甘情愿的，自动放弃自己生命中的其他乐趣，把自己的存在意义附着在孩子身上。可我也常常替她觉得难过，生而为人并非只是为了受苦，每个生命都应该有自己独立存在的意义和乐趣。

朋友和我曾经讨论，父母过分地自我牺牲，是否让我们背负得过于沉重，不容易快乐？

答案是肯定的。

我是父母生命的延续，也是对他们生命的掠夺。他们给予我无价的爱，也试图把梦想在我的身上寄生。20 世纪 90 年代初的北方农村，充斥着贫穷与无知，每个孩子的最终宿命就是男人打工女人生娃，无论你多么聪明、多么勤奋也无法逃脱这样的轨迹，而我的命运不至于如此，得益于父母数倍于他人的辛劳。我对父母的感情复杂得难以用言语描述，甚至泪水也不能，其中有爱，有感激，也有惭愧。

这种惭愧并不是一种负担，并不是父母牺牲自我之后加诸我身上的原罪，在我长大的过程中，在我无数次想自己生命的意义时，我逐渐明白，这是生命变深刻的一种方式，我们不是蒲公英的种子四处飘散，而是各有使命。

有一年夏天我和朋友去越南看海，晚上我们躺在椅子上轻轻唱歌，脚下是青黑的海水在翻滚，抬头望见的是无边无际的暗和远，心里忽然觉得很害怕。

海岸线的这边是人间烟火，海岸线的那边是冰冷，是遥远，是令人恐惧的未知。

我们就像一只只小船，父母、朋友甚至孩子是纤绳，是我们在人世上的联系和牵绊。

假如没有这纤绳，我们大概就要成为不系之舟，漂向天边去了。

活着也并不比死去更有意义。

我承认这沉重，并且心甘情愿地承受这沉重，通过回馈父母来消化这沉重，最终超越这沉重。

不过我也跟朋友说，即便是将来我有了孩子也要重视自己，即便在艰苦的奋斗里，也要想方设法地让自己高兴，不要把自己的一辈子都设定成没完没了的吃苦过程。

我要从我身上，去纠正妈妈的人生。

这是母亲给我的最大影响之一。

心理学家阿德勒曾说，过去发生的事对你个人生活的影响取决于你自己赋予事情何种意义。我赋予我妈镜子的意义，作为这个世界上与我最亲密的人，我可以清晰完整地看到她的为人处世和人生轨迹，这给我提供了观察的便利。我通过看她去反思和学习到底要怎么说话，怎么做事，做什么样子的妻子、母亲，过什么样的人生，这种清醒的旁观，便是我独立于父母的方式。

我们的童年时期，基本上没有什么家庭教育课，为人父母，都是在年纪轻轻时就按部就班地把孩子生下来，自己还尚未搞明白人生人性，就开始教育孩子，没有考驾照就上路，全靠自己一身本能在磕磕碰碰中琢磨领悟。

大部分人都不会遇到会遗弃和虐待孩子的极端父母，但是父母都是普通人，类似轩轩的父母，是有很多缺陷而不完美的普通人，甚至有些父母连普通人都不如，是生活的失败者，自然不可能教出完美的小孩。他们会鼓励、爱、安慰、保护，有时候也会嘲讽、打骂、伤害、蛮不讲理。作为孩子，成长的这一路肯定不只是感受到了父母的脉脉温情和优良教导，每个人都是带着或多或少的遗憾、阴影和伤痛不断自愈成长。

这是再正常不过的事情。

一个男性朋友在微博上说，中国父母惯性地认为男孩不用打扮，只给女孩穿得漂亮。他爸妈对他在衣服、发型、打扮上一直是怎么丑怎么性冷淡怎么来，肥大不合身的衣服一堆一堆，终于非常成功地培养了一个 nerd（呆子，讨厌鬼），快要三十岁了都没有女孩子喜欢。

我心想，既然已经意识到自己又土又丑并且很不喜欢这样，那知乎上有那么多教男生穿得好看的帖子，为什么他不去学习呢？

我另外一个朋友，Z 女生，家境很好，父亲是省城重点大学的教授，母亲是医生。我对 Z 最深刻的印象是上大学期间她每天坚持看《新闻联播》，这是父母一直以来对她培养的习惯，说要关心国家大事，拓宽视野。

Z 从来不去忤逆父母的话。Z 说，我做选择的时候总喜欢咨询父母的意思，一方面是父母强势，但更深层次的心理原因是想要推卸责任，每次当父母参与做出的决定发生了不好的后果时，我就会想这怨父母，并不关我的事。渐渐地，我就成了一个没担当的人。

温柔至懦弱，随和至盲从，这与 Z 强势的父母不无关系。

但是当她发现自己父母过于强势，导致了自己的懦弱无担当时，她又做了什么？难道要等重新投胎直到找出一对父母可以生出完美的"我"吗？

我跟 Z 说，你必须自己做一次决定，然后去承担一次后果，慢慢熟悉这个过程，才能除掉恐惧，变得有担当。

出生，是剪断脐带从身体上跟父母脱离联系，成长和成熟，必然也会经历一个人格和精神与父母脱离的过程，一个日渐成熟的人必然会发现父母的谬误以及他们带给自己的阴影。

然而找到原因并不是问题的结束，只是解决问题的开始罢了。

找到责任主体是最容易的事情，解决问题才是最难的部分。

要开启自己的主动意识去对抗和消解父母带来的负面影响，一人分饰两个角色，对待自己就像一个耐心的母亲对待孩子一样，了解自己，教育自己，安慰自己，鼓励自己，喜欢自己。让自己的视野和心灵超出父母的笼罩，那时候，父母不再是榜样和权威，而是成了最好的案例，我们会有自己的独立意识判断哪些好，哪些不好，然后将父母施加在我们身上的东西剥落一些，保留一些，成为父母的 2.0 版本。

类似原生家庭、童年阴影这样的话题总是很流行：如果小时候父母总是吵架，长大后就会害怕婚姻不相信感情；如果曾经被狠狠地羞辱和伤害而缺乏安全感，那么长大后可能会有社交障碍……

原生家庭也好，童年阴影也好，对人的影响确实挺大的，具体有多大我不敢确定，只好用个"挺"字。

在麻将桌上经常看到这样的情景，刚摸完牌就有人把牌往前一推亮给大家看，口中啧啧道：看，我这副牌臭成什么样子？

我一直看不上这种示弱行为，展示烂牌，不过就是想放弃比赛，甚至给接下来的输局提前解释说明、找出理由。

就如同我一直看不上那些把自身缺憾归结于原生家庭和童年阴影之后"沉迷"于此的人。

人可以克服这些影响，只不过需要格外努力和强悍的意志力罢了。

我们是有思想的人，并不是一个物件，任凭别人塑造和雕刻，即便他们是父母。

孙俪曾说父母的吵架和离异毁掉了她整个童年。

奥普拉是由一名单亲妈妈抚养长大的，她受到家人的猥亵，九岁的时候被强奸，十四岁的时候怀上了孩子，后来这个孩子还死掉了。

她们后来的人生是很多人都想要过上的人生。

别说这是个例，在糟糕环境下长大的人，有人成了罪犯，有人成了总统，有人变得自卑自私，有人却始终温暖光明，与其总往过去找"我为什么这么差"的原因，不如去想想，为什么有些人生长在废墟之中却还能开花。

并没有多少人是生而完美的，社会、父母、自身，总有让人遗憾的地方。除了家庭之外，我们还会遇见很多有趣的人，还会遇见一个充满宝藏和冒险的浩瀚世界。

别怨恨父母是不够好的人，原谅他们就是普通人。

我们存在，就是为了成为比父母更优秀和幸福的人。

从现在开始，去承认，去接受，去直面，去克服，去超越，然后去往更远的精彩世界。

穷让你自卑了吗

▼
▼

穷人家的小孩都要记得，
造成我们今天自卑又敏感的不是生而贫穷，
而是后来没有为了改变这一切做任何努力的事情。

说到穷，你会想到什么？

家贫在土改的时代是美德，祖上三代是贫农是光荣的说法，人人仇富。到现在"穷"几乎没有匹配过什么好词，穷人的孩子会被贴上很多标签，敏感、自卑、小气，甚至拜金。

有一次在朋友生日聚会时我遇到一个女生，她是弗洛伊德的拥趸，大谈特谈童年阴影对成年后生活和性格的影响，性格中的任何一点缺陷在她那里都能从童年找到诱因，并且她拿这个来为别人摸脉看诊。

"不懂得怎么跟男人相处，是因为你小时候缺乏父亲的关爱。"

"总是想当老好人，别人对你好一点你就感激涕零，是因为不被父母认可。"

"不要跟凤凰男谈恋爱，他们太敏感了，又自卑得要命，一辈子改不掉。"

一晚上我都不与她说话，对于评断性格的言论我一直很拒绝，每个人都是复杂精彩的多面体，一面坚强，一面脆弱，一面善良，一面自私，任何一言断之的结论都是对他人的不尊重。

不过有两件事我一直承认：

第一，我性格中也有敏感自卑的一面。

第二，我确实有过一段贫穷的经历。

我妈本应该成为一个农忙时下地农闲时打麻将的农村妇女，但是她被村头墙上粉刷的口号（再穷不能穷教育，再苦不能苦孩子）洗脑，任性地决定供养家里的三个小孩读书上大学。人家说一个大学生就能把一个农村家庭拖垮，三个大学生可以把一个农村家庭拖去太平洋洋底。

爬树玩泥的童年岁月，并不懂得生活的艰辛与不易。我妈在村里开店，把卖不掉的新鞋子给在县里读高中的大哥穿，我坐在地上滚着哭一下午喊着我也要。

直到我独自面对外面的世界时，我才知道哥哥在经历什么，他敏感的自尊心可能就要靠那双土旧款式的新鞋子来保护。有一次在学校大礼堂开完迎新晚会之后，我看到后排坐在墙角的一个男孩低着头排队往外走，旧秋衣的领子从宽大的校服里露出一截，周遭的人在交头接耳地说话，人群中的他显得孤单又寒酸。

他一定很穷吧。

我看得眼泪都要落下来。

我想起哥哥，他在同学们当中是否也是这样孤单和异样的存在？

当时的我是在城市里的一所艺术类初中寄宿念书，我妈常说我幸运，赶上舅舅要送表哥去城里读书，顺道送我。但是我所有的艰辛也是从这里开始的，童年好像在六年级的夏天迅速结束了，没有任何过渡，我就一个人来到一个完全陌生的城市里。读初中时班上攀比成风，甚至常出现偷窃打架的事情，年少的时候我穷且敏感虚荣，尚未拥有一个自尊自爱的独立的精神世界，格外在意别人的褒贬臧否，在那样一个环境里自尊心备受煎熬。

贫困能够给一个人带来多大伤害，你去知乎上一搜就能搜出一大堆答案，而且许多答案都是匿名的。即便是已经成年，大家依然不愿意直面曾经的困窘。

刚到学校说不清楚普通话，每次叫同学们去吃饭都说成"zhou，去吃饭"，同学会"善意"学这个口音取乐。我花了一个月的时间把口音全部纠正了过来。

我妈在开学之前兴致勃勃地买了几尺粉红嫩绿的布给我做了几件新衣服，每件穿出来都让我期待同学们的眼睛突然集体失明。但是不能不穿，因为穿新衣服对我们家来说已经是很奢侈的事情。

年级歌唱比赛的时候，老师让同学们集体定做一件毛衣，我朋友交钱定做了之后，我借了她那件不太符合标准的毛衣穿，我只能安慰自己说，不仔细看就看不出来差别的。

一年一次同学聚会，我妈说花钱坐车去吃个饭太浪费了就别去了。

第一次去肯德基时很窘迫，不知道怎么点餐，只好跟着同学点了一样的汉堡，生菜配沙拉酱的恶心味道我到现在还是不喜欢，当时却假装是自己喜欢的口味全部吃完。

压在宿舍枕头下的五十块钱生活费不知道被谁偷走了，晚上躺在宿舍的床上一直掉眼泪，放假回家的时候连八块钱车票钱都出不起，最后卖掉了我妈开学的时候给我买的方便面才凑够了钱回家。

在楼道里遇到我喜欢的男生，会特别想要藏起来。

但是隐藏是最没有用的办法。

当我稍微长大一点，在我稍微读了一点书之后，我才慢慢学会正视这件事情。

克服贫困带来的影响，首先就是要正视它。

克服所有让你自卑的东西，首先都是要正视它。

那些不想袒露于人前的自卑之处，如果始终都要费尽心思地隐藏在别人看不到的地方，那么生活就不过是战战兢兢地表演一场。

那太累了。我们都不是演员。

最轻松的方式反而是正面迎击。

不要相信什么"环境决定性格，性格决定命运"，不要相信什么"贫穷，会决定一个人的思维方式、眼界，甚至性格"。

除了我自己之外，谁也不能决定我。

那些生活优渥的人，无论是见识还是自小被父母培养的自信，都是我无法比拟的，不过人有脑子，可以学习，可以模仿，可以创造，可以超越。

贫穷算什么，只要你愿意动脑和学习，你可以改变自己的思想，从无知混沌到胸中有山竹有丘壑有天下；你可以改变自己的举止，从粗鲁无状到优雅精致；你可以改变自己的气质，从畏畏缩缩到大方得体。

你甚至可以改变自己的能力，从无能，到无所不能。

我也想被人喜欢，有钱被人喜欢，有趣也可以被人喜欢，没钱的时候我就学着有趣一点。

没条件走遍名山大川，没条件见识很多场面，没机会拥有一个可以指点自己人生的成功爸爸或叔叔，但是可以去图书馆，在图书馆里，李开复、俞敏洪排着队想跟你聊天。

越是让我紧张的人越要见，越是让我害怕的场合越要去，每次到所谓的"大场面"而觉得自卑胆怯时就告诉自己，出身有贫富之分，生于青藏高原上放牦牛还是在大都市里当富二代，这些都是先天的运气而已，我又没有为社会添麻烦，再穷也没有花别人一分钱，难道因为运气不好，就要在别人面前直不起腰杆？

当经历得多了，就会习惯在任何人面前都自在，在突破自己的过程中越发地确定自己的长处和局限。我知道我哪里好，别人怎么否定都磨灭不了，我知道我哪里不行，然而任何跟品德无关的缺陷，我都无须羞于袒露于人前。

与面朝黄土背朝天的老农民打过交道，也见过一些光鲜靓丽的成功人士，在柜台前站着卖过瓜子，也坐在北大的教室里听过教授讲宪法。经历得越多，人就越来越包容，越发对这世界充满恭敬和怜悯，有太多比贫穷更深重的苦难，你不必总是自怜，那些万众瞩目的人其实也寻常得很，更不必总把自己看轻。

当有一天，你发现自己不仅可以包容自己的穷，也包容一切无关品格的人类的不同，可能就是真正地克服了过去的阴影。这会是一个很漫长的过程，要依靠自己的勇敢和力量，在黑暗的迷茫的成长岁月里观察、摸索和学习，通过反复的否定和确认，最终克服和超越所有的缺陷和阴影，变成一个幸福完满的人。

穷人家的小孩都要记得，造成我们今天自卑又敏感的不是生而贫穷，而是后来没有为了改变这一切做任何努力的事情。贫困只喜欢欺负弱小的人，剥夺他的自尊和阔达的胸襟，当你越来越强大，就能从过去的贫瘠中汲取到源源不断的力量，你懂得节俭克制，你习惯了向上的努力，你在人生遭遇不测时坚忍不拔，你被生活磨炼成一座坚强的铁塔，而非漂亮脆弱的散沙。

这是贫困赋予强者的礼物。

接下来，我想谈一下，人到底要如何才能自信起来。

我在 TED 上看《积极心理学》（还有一个译名：《哈佛幸福课》），对里面谈到的许多方法都非常有感触并且认同，是与我的实践经验和心路历程相符合的。

在过去的心理学领域，心理学家投入了大量的人力物力去研究消极方面的东西，20 世纪 40 年代末，心理学家开始研究受危儿童，研究这些儿童为什么会失败，为什么更容易退学，为什么更容易早孕，等等，得出的研究结果我们很容易可以想到，那就是应该给予这些受危儿童更多更好的资源，包括教育、居住建筑等。

然而在资源本身有限的情况下，这结果对于促进现实的改变用处并不大。

到了 20 世纪 80 年代，一些心理学家提出了不同的问题，他们不再研究受危儿童为什么失败的问题，而是转向研究"是什么让其中某些人成功了"，刚开始他们以为这些成功的孩子一定是天资卓越、百里挑一、不可模仿的，后来却发现他们只是很普通的孩子罢了，只是确实是拥有一些特质，心理学家就在那时候提出了"适应力"的概念。

我在思考自卑和自信的问题上，就曾无意中使用过这个方法：不去想什么东西导致我们自卑，反过来去想，什么东西或者怎样做可以使自己自信起来。

最终得出这三个字：确定性。

朋友要去参加演讲比赛之前，发微信问我：如何在演讲的时候不紧张呢？

说话是我们从小就会的事情，然而在公共场合侃侃而谈或者振聋发聩地演讲一番，对很多人来说是太难跨越的心理难题，明明在台下已经准备得很充分了，可是只要上台，就会手脚发抖，声音发颤，严重者张口结舌中途断片。

我问他："你觉得自己为什么会紧张？"

他说："因为我不是很自信。"

我继续问："那你凭什么自信呢？"

就一个人而言，不漂亮，不聪明，不成功，什么都做不好，甚至人品有亏，那他凭空而来的自信，在他人看来容易是可笑的自负。

就一件事而言，从未在这方面取得过成功，也没有千锤百炼的过程，只是有过几次挫折的经验以及临场前急慌慌的练习，说自信难免盲目。

我在第一次登上《超级演说家》的舞台时，那也是我人生中第一次参加演讲比赛，上台之前紧张得发抖，大脑一片空白，手心出汗，心跳加速，除了昏过去之外，所有紧张的症状我都有了。

而当我再次登上那个舞台，到第三次、第四次，心态悄悄发生了变化，依然紧张，但是因为了解了流程，熟悉了那种心态，并且在那个舞台上也获得过一些掌声和认可，对于稿子和自己的表现心中有数了一些，所以从容了许多。

自信的获得有这样一个过程，培养自己的优势，获得外界的肯定，增加自己内心的"确定"，确定自己是可以做得好的，确定自己做完是可以得到赞美的，自然就有信心。

陈文茜专访李安时问他：你从小爱哭，又一直在输，这种孩子一般到了美国会输得更彻底，那你是怎么样在一个本来会让你更脆弱的地方，慢慢找到自信的呢？

李安说，自信来自两个方面，一个是天生的，另外一个是外来给的肯定，当大家给你的肯定多了，你自然就会产生"自己也不错"的自信心。

很多人把自信归类为一种"性格"，仿佛自信是一种与生俱来的、根深蒂固的气质，很难获得，也很难失去。其实就如李安所说，后天确实是可以获得自信的，外来的肯定最终增加的也是对自我的"确定性"。

我在二十岁出头的时候想明白了这个道理，造成自卑的理由有千百种，人人都有自己的自卑指数，即便是一些看起来风光强大的人，之所以我们散发的气场不同，差别就在于，你有没有自信之处。

在我们的内心小宇宙里，自信心就像一颗颗小星星，每当我们确定自己可以做好一件事，就会有一颗星星亮起来，当星星足够多、足够亮时，我们看起来是光明笃定的，当黑暗的部分太多，我们就会消沉暗淡。一个人在很多方面都受挫，最终沮丧地发现自己什么事情都做不好，干什么都畏畏缩缩不敢尝试，他就会给自己下定语：我这个人就是不太自信，走到哪里都像一个不发光物体，引不起别人的注意。

不要总急着判定自己是一个不自信的人。

当在某一个方面或者某一个场合总是很不自信时，我们要问问自己，我凭什么自信呢？

我在这个方面做了多少训练和试验，是否去寻找过方法，是否总结过失败的经验，有多少把握可以做好，如果没有，不自信就是必然的。

相反，即使已经做了足够的努力，也只能说明我不适合做这件事，没必要去判定自己是不自信的人，我依然可以干劲十足地去尝试其他事情。

如果可以自己做好很多事，哪怕是一两件事，那么凭这个而得到的肯定和自我确定，就可以让自己成为一个挺胸抬头、浑身笃定的自信者了。

这么多年来，你为什么可以一点都不成长

▼
▼

> 深思熟虑，千挑万选，
> 为自己找到一条毫无风险的平庸道路，
> 这就是不成长的代价。

六岁的你，是一个扎着小辫子的可爱小姑娘。

妈妈带你去游乐场玩，一进大门你就喊着说，想要坐旋转木马！妈妈指着门口卖雪糕的阿姨笑着怂恿你，让你自己去问问坐旋转木马怎么走。

你站在原地犹豫，到底要不要去，卖雪糕的阿姨在冲着你笑，可是你还是不敢去，因为你在担心，如果开口之后，阿姨不理你怎么办？这该是多么难堪，而小小的你，已经懂得害怕难堪。

所以，你只管推着妈妈去问。

从此，妈妈就喜欢在亲戚朋友面前称你是"内向胆小的女孩"，而你，也越发地不敢在人前开口了。

其实你并不是一个胆小懦弱的人，你内心丰富，有很多想法，只是越来越讲不出来了。

十二岁，你刚刚变成一名初中生，班主任老师上完课之后顺便宣布一个消息："新学期的班长选举即将举行，谁想当班长，一会儿去我办公室报名。"

你觉得自己可以的，你性格温柔，很会为别人着想，在男生和女生中人缘都不错。上小学的时候就想当班长，可是班长的位置一直被另外一个男生霸占着，而前几天跟闺密一起吃饭的时候听她说，她要选班上的文艺委员，那时候你还暗暗下决心，你也要去试试选班长。

可是你不敢去办公室找老师报名，晚上回到家里跟妈妈商量，妈妈也鼓励你去，还说，选不上就选不上呗，也没什么。可是你觉得太有什么了，报完名之后还要准备竞选演讲，现场投票，如果选不上的话，就等于在全班同学面前，被用一张张选票证明自己是一个不受欢迎不被信任的人。

你最终还是没有去。而竞选成功的那个人，其实，并不如你。

十七岁，你喜欢上了隔壁班的一个男孩，男孩肤白貌美，睫毛卷翘，会吹长笛，在学校新年晚会上唱小虎队的歌，帅气爆表。班上很多女生都喜欢他，下课之后女生们故意在他们班门口推搡，就是为了多看他一眼，大胆的女生还会写信跟他表白。

你的喜欢并不比这些女生少，但是你从来不敢在他面前出现，你觉得自己太平凡了，又或者，自己现在的状态还不够好。"他是不可能喜欢我这样的女孩的。"你这样告诉自己，"如果可以考到理想的大学，就写信给他，亲口告诉他，很喜欢他。如果被拒绝了，正所谓，被喜欢是幸运，被拒绝是青春。"

后来，你考到了一个不好也不坏的学校，却仍然没有对那男孩开口，哪怕已经暗恋得发疯。

终究还是害怕被拒绝。

听说那男孩在大学里找了个女友，终于，你喜欢的人，找到了喜欢的人。

二十岁，同寝室的姑娘说想要考研，去另外一个城市，问你要不要一起。

你不知道未来要做什么，考研？出国？工作？你不喜欢现在的专业，你其实有更感兴趣的专业，不如考研换个专业吧。

但是思来想去，还是不敢报名。如果考研失败了怎么办呢？到时候工作也不好找，还要承受父母的失望和同学的目光。

同寝室的姑娘在埋首苦读一年后，还真的考上了，她终于去了想去的那个城市、想去的那个大学。分数出来的那一天，她请全寝室一起吃饭，你举杯祝贺她，为她高兴，可是心被羡慕填得满满的，深夜辗转反侧，感受到了一点后悔，为什么当初自己就不能多一点勇敢？

二十五岁，你在一家不大不小的国企工作，爱岗敬业，勤奋认真，可是在国企里升职太难了，前面一堆人在等，好像努力也没有什么用。

大学同学给你打电话，在深夜里兴奋地跟你聊了很久，他说，他想邀请你一起创业。

"以前就记得你对这个事情挺感兴趣的，所以一开始创业，就想到了你，我们一起出来拼一拼吧。"

你当时觉得好极了，太棒了，这正是你想做的事情，失败了也无妨，回头继续工作就是了，人生就是应该冒点险才有意思啊。但是第二天睡醒之后，热情退却，胆怯占据了上风，其实创业的风险挺大的，万一失败了，原来的同事不知道会怎么看你呢！还有父母，凭你对你妈妈的了解，她绝对不允许你去做"不稳定"的事情。

你婉拒了好友，回到了原来的工作岗位上，浑浑噩噩地煎熬下去。好友一路创业，遭遇过挫折，也经历过辉煌，你在远处看，只觉得精彩，却只能感叹：大概自己就是比较适合稳定吧。

全天下的不敢和错过，大概皆如此。

在《情书》里，男藤井树暗恋着女藤井树，男藤井树也喜欢着女藤井树，男藤井树用恶作剧的方式在暗恋，用小心翼翼的方式在暗恋，女藤井树也在懵懵懂懂地喜欢。

然而，这段感情一直到男藤井树去世后，才被发现。

"如果当初我勇敢，结局是不是不一样？"

"如果当时你察觉，回忆会不会不一般？"

Facebook（脸书）创始人 Mark Zuckerberg（马克·扎克伯格）刚刚搬到硅谷 Palo Alto（帕洛阿尔托）办公时，曾邀请 Joe Jackson（乔·杰克逊）加盟 Facebook 的初创团队，但 Joe Jackson 拒绝了前者的这一邀请，而是作为一名实习生加盟了 J. P. Morgan（摩根大通）。

不知道 Joe Jackson 是否后悔过。

而你——

这么多年了，从六岁到二十五岁，为了减少失败的概率，从不给自己尝试的机会，因为害怕失败，所以干脆拒绝可能。

可是啊——

人生本来就是失败常在，艰难永存的。

从出生到现在，几乎每一件想要尝试的事情，都是存在风险的，铁定成功的与铁定失败的，都是极少的。

你总说，自己现在还不行。

然而——

我们并不是完全准备好了做一个什么样子的人才来到这世界上，也不是在为一件事情准备好了之后，那件事情才发生。恰恰是在尝试之后，才发现自己到底差在哪里，才会得到经历、经验和激励，然后快速地成长。

十五岁的时候害怕、犹豫、一蹶不振，可以，十八岁的时候害怕、犹豫、一蹶不振，好像也可以理解！那么二十岁的时候还是这样，三十岁的时候还是这样……

So（所以），这些年的成长在哪里？

失败，被嘲笑，你始终没有克服对这些的恐惧，只是一遍一遍地被它吓得往后退。

其实失败不可怕，只是你太害怕。

深思熟虑，千挑万选，为自己找到一条毫无风险的平庸道路，这就是不成长的代价。

你是一个始终没有学会勇敢开始的人。

你是我们所有人。

看我如何对付这操蛋的生活

▼
▼

> 不是只要努力，就能达成愿望，
> 只是在不可选择的境遇面前，
> 努力是唯一可以选择的事情。

当我有点怀疑自己的努力——

如果我的愿望是占领地球，就每天早上去操场跑步，从强身健体开始努力。

如果我的愿望是当选美国总统，就从认真读书考去美国读书移民做起。

我本来就是那种盲目又热烈的人。

雄关漫道真如铁。不怕，就从头一步慢慢开始越，万里长城还有修完的一天，无论多远的远方，都有到达的路径。

早餐按时吃，身体会更好一点。晚上早点睡，皮肤会好一点。做完的工作检查一遍，错误会少一点，很多不周全的地方，其实可以再想多一点。

即便无法到达终点，我们总是还能更好一点。

只要还有可以努力的地方，就无须绝望；只要有可以去的方向，就要走过去。

途中遇到不劳而获的人，遇到聪明绝顶毫不费力的人，遇到自暴自弃的人，都不要理会，不要抱怨，不要放弃自己的努力，径直向前，直奔自己选择的终点。

不是只要努力，就能达成愿望，只是在不可选择的境遇面前，努力是唯一可以选择的事情。

当我被生活打倒——

毫无疑问，我此生中遭逢的失败会比成功多，多几倍都不稀奇。

是否能好好消化这些失败，直接影响到我整个人的状态。

当我遭逢失败的时候，我不去打球唱歌酗酒，不倾诉不自责也不抱怨，我会静静地坐在屋子里，把所有问题都想清楚。

眼下最坏的结果是什么？

我是否能接受这个结果？

如果可以接受的话，那我眼下还要做点什么，可以不让自己走到最差的那一步？

如果不能接受的话……

你知道吗？

现在为之惴惴不安的事情，在以后的人生中回首，或许都不值得一提，就像小时候没有写作业，被老师从课堂上赶出去，就像曾被爱的人抛弃，那些曾让你抬不起头来的尴尬、伤心，那些曾让你怀疑自己的焦虑，都会过去，都会被时光原谅或者忘记。

更何况，于这茫茫宇宙而言，你我就像一粒尘埃，何必为了尘埃与尘埃之间的摩擦而痛苦？我们每个人都是要死的，将来连我这个人都会在这个星球消失，并且很快被后来的人们遗忘，自己又何必对某年某月某一天的某个失败念念不忘？

当我觉得一件事情很难——

当我需要面对没有把握的事情，我会去看看，在这个世界上都有谁做到过这件事。

如果有一些人做得到，那么就证明这件事在人类的能力范围之内。

那么作为一个正常人，我也可以做到。

然后我会再看看，做这件事必备的条件是什么？我目前不具备的是哪些？我是缺乏能力，还是缺乏方法？我需要多少时间和精力来获取这个能力和方法？有没有最快的方法？

如果成本太高，我还愿意做吗？

答案是愿意的话，就把它当作游戏，耐心地找攻略，争取早日通关。

想明白这些问题，也就没什么好害怕的。

这世界上最没用的事情就是：认为自己没用。有问题解决问题，没能力就拼命学习，总是打击自己有什么意义呢？

遇到难的事情，不要觉得自己没用，要觉得庆幸。

每次做到了一件觉得有点难的事情，我们的能力就会变强一点。

当我嫉妒一个人——

小时候，心比天高，觉得谁都不行，很难喜欢别人。

长大后，世面见了一遭，觉得自己哪儿哪儿都不行，很难喜欢自己。

无甲之美貌，乙之才华，丙之聪颖天资，丁之曼妙身材，于是先有了不如人的羞愧，继而是自卑，然后转化成满腔的不平，当最终开始怨恨他人的优秀和好运时，忌妒已形成。

日剧台词说，本来为了和对手相匹敌并超越对方而努力，日复一日这个问题也会迎刃而解，但人总是做不到这一点，因为站在原地嫉妒来得比较轻松。

不可否认，有人为玉，有人为石，但没人可以不是自己。

每个人都是独一无二的，就像河流里的每一粒沙子和石头，它们看起来相似，但这世界上没有完全一样的沙子和石头。

只不过这特别并不值得骄傲，一个没有褒义也没有贬义的中性词而已，有特别好，也有特别不好。只是当我能够感悟到这种特别时，就会明白，如果想要解除嫉妒，并非超越对方或者成为对方那样的人才可以，你总会遇到无法企及和全面碾压你的人，这痛苦的超越是没有尽头的。

迎着嫉妒去精进自己，在这过程中，找到成全自己的方式。

当我老去的时候——

小时候去大伯家玩，他领着我们穿过小区上楼，路过在大树底下打麻将、喝茶、看报纸的老年人，大伯皱皱鼻子低头悄悄对我们说："等死的人。"

彼时他还年轻，又高又壮，能说会道，声音洪亮，在工作上是骨干，在家庭中是灵魂，总之，对他身边的人来说，是个很重要的人。在他看来，一个人不再为他人创造价值，是一件难以忍受的事情。

后来大伯老了。

老了的大伯并没有坐在小区的大树下打麻将，伴随着科技进步，网络发达，他学会了使用电脑，整日在电脑上找 QQ 好友打麻将，跟我们曾经见过的小区里大树下那些老年人并没有不同。

岁月凶猛，人一败涂地。

二十多岁的我，不漂亮，不完美，但是年轻鲜活，头发乌黑，皮肤紧致，熬通宵之后睡一大觉就能精神焕发，遇到喜欢的人能够怦然心动，敢于把挑战当作试错的机会，有热情去学习很多东西，对陌生人怀抱善意。

然而岁月渐长，琐碎会消磨热情，等待会消磨耐心，背叛会消磨真诚，欺骗会消磨善良，光和风尘会消磨我的容颜，连呼吸都会消磨健康。

或许顺从这些消磨，人会老得更从容。

而我是不打算顺从的，我要跟一切消磨较劲、斗争，然后以烈士的身份死去。

当我独自一个人——

独处考验人的能量，与外界没有任何的交谈，只能跟自己对话。安静之下，听觉、触觉都十分灵敏。喜悦、安静、焦虑、忧愁，都要独自消化和面对。

独处也考验人的生活态度，善待和珍爱自己的人，不在独处的时间怠慢自己，一个人还是能够完成很多有趣且有益的事情。

在其他任何人面前，都免不了掩饰和隐瞒，只有在独处时我才完全属于我，我才全部是我，所以独处让人上瘾。

年少时因为内心虚弱，总想成为人群中最耀眼的人，希望被人注意到，记住。在一定年龄之后，开始想要从人群中退出来，不争风头，只守自身，心平气和地看着别人表演，这也是独处的一种。

当我觉得很遗憾——

我们的诸多烦恼都来自假设生活是完美的。

恋人要多金温柔，父母要通情达理，朋友要以我为中心，工作要一帆风顺，我要相貌好、身材佳、有魅力。每当其中一项没有达到标准，就会沉浸在烦恼里，大到恋人出轨，小到脸上长了一颗痘痘，都绕不过去。

人又不是生活在童话故事里，总有这一项或者那一项不够满意，总有这一天或者那一天出点意外不能开心，有遗憾，有缺陷，有痛苦，才是常态，才是理所当然的。

该承受的，就去忍受。该付出的，不要保留。

当我觉得自己没有底气时——

错了就承认，对了就坚持，被人感激坦然接受，被人误会据理力争，不亏欠，不讨好，从内到外，一片浩然。

我曾经想成为各种人，想有趣，想聪明，想博学多知，想温柔可爱，做事为人总想表现出这些特质来。但现在我只剩下一个标准了，真诚快乐。在我说话做事时我只需要想：我真诚吗？我这样快乐吗？是，我就这么干。这种对自己的充分认可，让人不用成为任何别人，就可以充满信心，坚定任性。

我可以一点也不厉害，我可以一点也不漂亮，我可以一点也不聪明，但是只要真诚对待每一个人，就有为人处世的底气，就可以拥有一个谁都不能绊倒的灵魂。

当我觉得没人理解我——

朋友会说：我懂，我理解，我明白，我也有过这样的经历，我知道你的感受。

可能他当下懂你说话的意思，有过同样的经历，但是没有人知道你的感受。你和他有着不同的成长背景、不同的大脑构造、不同的体质、不同的心，所以你们必然不会有同样的感受，顶多在类似中寻找安慰。

人与人之间的不理解，经常是由最亲近的人验证的。

亲近的人不会客气地说"懂你"，当你们之间的裂缝或沟渠明晃晃地躺在那里时，你无法忽视，无从躲避。那时候你会觉得非常孤独，即便是面对面，眼睛看着眼睛，身体抱着身体，仍然有隔岸相看的孤独。

这世界如同一个万花筒，角度本来就很多，在千差万别的人眼睛里反复折射，折射出不一样的图形。

没人能理解你，你也不能完全理解他人，如果期待谁能够完全按照你想要的方式去爱你，注定要落空。

在一段关系中，我不能理解你的部分，我可以尊重，可以谅解，这也就够了。完全懂得是太稀罕的事情，甚至尊重和谅解，也不好寻。

如果不再强求理解，便不会因为不被理解产生多余的孤独。

当我太过在意别人的目光——

太过在意他人的评价是很危险的事情。

这意味着你把审判自己的权力交给他人，你要观察他们的脸色，听从他们的喜好，变成他们想要你成为的那种人，才可以得到好评。

评价，就成了他人挟持你的武器。

小时候，这个武器被父母掌握。

许多父母教育孩子，类似教育小狗，只有乖乖的，才有骨头吃，只有表现好，才有小红花。所谓"好孩子"，不一定是最优秀，不一定对这社会最有用，但是他们一定擅长满足父母老师的期待和需求，知道做什么会让他们开心，做什么会让他们骄傲，并且愿意压抑自身的欲望和需求，不表达，不争取，不给父母添麻烦。

对"坏"孩子来说，打骂是惩罚，惩罚带来恐惧，恐惧纠正行为。对于这些"好孩子"，父母只要收回好评，表现出失望，就是最大的惩罚了。

长大后，我们又亲手把这个武器交给朋友，交给室友，交给同事，交给一些我们认识或不认识的人。

经常在微博上看到大V对特意私信评论通知取消关注的粉丝冷嘲热讽，在这个过程中，粉丝意图利用"收回对你的喜欢"来惩罚对方没有让他满意，反击的博主显然对这种故意伤害行为有些不忿。

谁都希望自己被喜欢，受欢迎，讨厌被冷落、被否定。

所以我们都学习忍耐而不学习拒绝，都学习讨好而不学习翻脸。

二十岁以前，我喜欢听"做自己"这些话，年少任性，不善交际，做自己最自在。

然而，每个人都生活在与他人的关联中，尤其当一个人比较弱小时，存在感和自信心依赖于他人的赞美和承认，当我们在取悦别人时，最终取悦的那个人还是自己。常言得道者多助，如果为了得到更多的帮助而按照他人的道理生存，也是理所应当的事情。

一方面想要获得别人的认可和承认，一方面又不想要受累于别人的标准，这对别人不公平。

当你为自己太过在意别人的评价而苦恼时，你要想清楚，你在意别人的评价后得到了什么，如果不在意又会失去什么，是否有一个强大的自我，能让你在别人的漠视或者批评中依然快乐地活着。

怎样对待他人，是好是坏，是宽容忍耐还是斤斤计较，做出这个决定的人是你自己，你是这个交易的邀约方，如果你不再需要别人的好评，可以随时停止交易。

只要你有勇气，以及实力。

当我急于成功——

一个偏瘫在床的病人要康复，需要经历一个漫长的过程，他要每天练习伸展、屈膝，试着站立、走路，然后更快一点，逐渐恢复正常人的功能。

一个平庸懒惰的人立志要改变，类似于一个偏瘫病人要康复，都有循序渐进的过程。

今天早上还是睡到十点起床，明天就要按照计划五点起，一个月内读三十本书，五年买房，十年暴富，二十年后资产上亿，然后在努力一周后没有看到成果，就失望于自己的努力，迷茫、抑郁。

容易失望，有时候是因为太着急。

恭喜你的好运气，得到一切都很容易

▼
▼

> 人生本多艰辛，
> 如果有人可以不劳而获，那么我替他高兴。

　　朋友公司招聘，从几百份简历里筛选出来几十个人笔试，从几十个面试的人里找出几个人复试，从几个复试的人里最终确定留下三个人，两个男生，一个女生。

　　这个女孩子从开头挺到最后，层层突围，力排众人，朋友却说，她学历不高，能力也不是最强的。

　　面试的时候朋友问她，有没有做过会计的相关工作，她说："假期的时候在超市里打工兼职收银算不算？"

　　朋友勉强地点头说："算，算吧。"

　　我说："那你看中她什么？"

　　朋友说："她长得实在太漂亮了……就算什么都不会干，放到办公室里看都行，可以增加大家的上班热情嘛。"

　　我无语。

那么多人都争破头抢的一个职位，被一个女孩毫不费力地用胎里带来的美丽脸蛋征服了。

让那些彻夜准备笔试面试的人听到会怎么想？

很多时候你都会感觉，你辛辛苦苦跳起来才能够着的东西，别人伸手一摘就拿到了。

我有个闺密，长得漂亮，性格懒散，父母不知道是做什么的，只知道家里背景很好，我们这些同学都在高三累得七死八活的，她在临考前被爸妈送到了天津备考，轻轻松松考到了南开，跟她同等水平的其他朋友，基本上都去河北大学了。

大学毕业的时候，父母出钱给她在北京三环边上买了一个小房子，她每个月挣的工资随便花，给自己买的化妆品一桌一桌的，塞得哪里都是。

北京房价贵成这个样子，导致在北京有房没房完全是两个阶级，两个世界。没房的人，每月房租就是一个不小的负担，上淘宝买东西都要比价，我的朋友易哥说："自从毕业之后，我连星巴克都喝不起了。"

易哥住在我家隔壁，我们小区每月房租五千至六千，房东的孩子一年下来几乎不用花爸妈挣的钱，光收的房租就够他家孩子开销的，易哥哀号："我好命苦，年纪轻轻的就给人家养孩子。"

当我们还在替房东养孩子的时候，有房的闺密把房子卖了，赚了一百多万，我把这个消息告诉易哥，易哥难过地说："我这几年内辛辛苦苦上班，还不如她卖房子赚得多。"

说实话，我的朋友里，比她优秀的多的是，比她勤奋的多的是，但是比她活得轻松富裕的没有几个。

在大一下半学期，我忽然接到了一个好久不联系的高中同学的电话，也是我们当时一起玩的一个朋友，高考没有考好，去了一个比较普通的二本学校。

我很惊讶为什么她会给我打电话。

她在电话里说，上了大学之后觉得处处不如意，心里想起某某某（去天津考试的朋友）常觉得不忿，凭什么她付出了那么多努力最后却没有好结果，而某某某却可以去天津轻松考取好大学。

她还试图唤起我的同仇敌忾："刘媛媛，你学习那么努力，也就考了一个刚够得着南开的分数，你不觉得她跟你差距很远吗？她跟你上一个水平的学校，难道你心里就服气吗？"

我并没有觉得不服气，事实上，我压根儿没有想过这个问题。

高考本来就是一场旷日持久的磨难，如果我的朋友可以有幸从中逃脱，成为漏网之鱼，那我替她觉得庆幸。我的对手是一个省的数十万考生，多她一个不多，少她一个不少。

人生本多艰辛，如果有人可以不劳而获，那么我替他高兴。
不跟轻易成功的人比努力，不跟幸运的人要公平。

朋友很喜欢周迅、王菲这类人，周迅眼角眉梢随便一动就是演技，王菲出道之后一帆风顺地红到天后级别，而且还对群众爱搭不理。

她们好像不用怎么努力就可以很牛，不用天天喊着要如何，就能得到很多。朋友说，这让她们看起来特别酷，如果一个人要用吃奶的劲减肥才能瘦下来，挤破头才能抢到，就不美了，就没有魅力了。

可是，**挤破头后仍不放手，吃透苦之后仍不甘心，明知艰难而九死无悔地拼，这就是我们平凡人的酷啊。**

没有捷径去轻松考取名校。

然而每一个伏案苦读的夜晚，每一个闻鸡起舞的早晨，做过的每一张试卷，克服的每一个困难……千军万马中亦英勇向前，在那些努力奋斗的时光里，收获的是一个更坚强的自己。

没有通过卖房赚到一百万，然而这些年里，却在职场上学会了五分钟化一个淡妆，学会了稳稳地踩着十厘米的高跟鞋，学会了怎么与挑剔的客户打交道，怎么跟别扭的同事合作，做事情越发地稳重干练，在那些跌跌撞撞的经历里，遇见的是一个更自信的自己。

没有漂亮到被人照顾。

搬家就去找搬家公司，换锁就去找换锁工人，大部分电脑问题都在百度解决，矿泉水瓶盖自己拧，难过时哭一场，擦干眼泪也不用等谁来哄，在那些自立自强的日子里，成为一个更有安全感的自己。

恭喜别人的好运气，得到一切都很轻易。

也顺便夸一下自己，在艰难的征途里，始终没有放弃。

把自己的道理，坚持成真理

▼
▼

> 多简单，有所渴望，有所担当。
> 领悟到这一点之后，人就会变得很有自知之明。

做节目时我采访过几位摇滚歌手，顺便拍摄他们的演出。

刚到他们表演的场地去看的时候觉得特别失望，那是一个藏在杂乱狭窄巷子里的四合院，屋里把椅子撤掉能站四十个人，进门左边一个小舞台，小得连乐器都摆不下，鼓手和贝斯手胳膊肘甩开了能撞一块。乐队除了一个助理兼经纪人兼卖票员之外真是一个多余的人都没有，所有成员都要亲自动手为晚上的演出做准备，不仅仅是排练，他们还要布置场地，于是你就会看到这样奇异的场景：头发染成绿色的很酷炫的鼓手在墙上画板报，而那个齐刘海高冷范的吉他手正往窗户上贴彩带。

我一边帮他们扯胶带一边想，这支摇滚乐队在中国大地数以百万计的摇滚歌手里已经算是小有名气的了，但是也没有过着我想象的疯狂浪漫的生活，居然也是这么琐碎地忙碌着。

布置好场地后，我们的摄像和编导们就躲到四合院的一个小屋里面开始百无聊赖地等待拍晚上的演出，后来还玩起了"杀人"游戏。

等我们玩到晚上八点多钟，天已经完全黑了，摄像说："咱们出去吃个饭吧，再有一个小时演出就要开始了。"

我们推开门出去吓了一跳，院子里居然已经站满了人，演出的屋子已经塞得毫无缝隙，跟早上八点多的北京地铁差不多，里面的人出不来，外面的人进不去。

我心想：在院子里又看不到演出，他们站在这里干吗？

等我们吃完饭回来，居然还有人在门口登记入场。

到了九点半，演出正式开始。

小院沸腾起来，我们站在屋外，只听得到声音，但这并不妨碍感受气氛，大家都像中毒了一样，跟着节奏跳、唱、拍手，每一曲完毕后大家就会一起大声喊乐队的名字加两个字：牛×。

表演长达四五个小时，台上的人喉咙唱哑，台下的人喉咙喊哑，每个人都觉得很爽，唱得爽听得爽跳得爽，除了爽也想不出别的形容词。

当晚回来之后我就一直对室友直呼：当歌手太幸福了！能把自己的想法创作出来变成一个可以表演的作品，而且还得到大家的拥戴、欢呼，太幸福了！怪不得有那么多小孩学都上不了要去当歌手。

幸好摇滚歌手这个行业成功率不高，而且没有所谓的"安稳"，否则谁还想去办公室里坐着填 Excel 表写报告啊。

这个世界就是这么奇妙地均衡着。

几乎每一个选择都是这样，风险和利益相关，得到和失去相抵。

在上高中的时候我们总想问，到底是学文科还是学理科啊。

上大学的时候我们喜欢问，该工作还是该考研啊，该去国企还是外企啊，该创业还是考公务员啊。

恋爱的时候也是问，该不该跟这样的人分开啊，多少岁结婚好啊。

结婚了还是要问，该不该生小孩啊，早生还是晚生啊。

其实哪里有什么绝对正确的答案。

一个知名服装品牌的市场总监告诉我，蠢货才回去考研，本科毕业三年的时候我都从小员工升成大经理了，那些研究生毕业的同学还在吭哧吭哧找工作。

考研的学长告诉我，一点都不后悔读了研究生，这最后的校园时光充实且幸福。而且研究生文凭还提高了我们进入社会时的身份，那些毕业就去工作了的同学，三五年后还有许多人都读了在职的研究生，本科根本不够用。

创业的前辈说："你能力这么强不出来创业可惜了，现在创业就是时代潮流，你要站在风口浪尖摆动时代啊！"他说："我不跟你说了，我今天约了投资人，公司要第三轮融资了。"过了两天他告诉我，他这次融了两个亿。

问起在央行工作的朋友状态如何，她在毕业之际一门心思考公务员，终于如愿以偿，电话里她的语气轻松愉快。

"再也不想过那种加班熬夜的日子了，我挺喜欢现在的生活，早睡早起，有点空闲时间做些喜欢的事。你说人生苦短，挣多少钱是个头？够用就好了，太拼命拼没了命不值得。"

在律所工作的北大师兄，不管多晚给他发微信他都能回复，常抱怨说自己太累，天天都要加班，每次出差都是赶早班飞机到了目的地飞快地把事情处理完，当天晚上又飞回北京，就这样晚上还要加班。

他说："我好羡慕你，有机会去从事更有趣的行业。"

我说："你后悔从事律师行业？"

他想一下，说："做律师也挺好的，这个行业社会评价高，收入也不错。"

我表示同意，他有一辆崭新的宝马车，看起来就很贵。

我发小在二十三岁就生下了小孩，每次都叉着一尺八的腰教育我说，以后一定要早点生小孩，身材恢复得快。

晚点生其实也很好。我实习时候的女 boss（老板）坚持一定要到三十岁出头再生小孩，这样就不会有中年危机。

好像选择每一条道路都有些道理，每个人都能够从一个侧面说些自己的感受和见闻，谈不上是全部的真相，但是也不假。

日语里有一个词叫"罗生门"，原作"罗城门"，罗城门是战乱时期丢弃死尸的地方，人死了就从城楼上被丢下去，活人就在城内继续生活。因此罗城门是一个连接生死、隔离阴阳的地方，有些生死徘徊之意。到后来，这个词慢慢地演化为：事件当事人各执一词，分别按照对自己有利的方式进行表述证明或编织谎言，同时又都难以拿出第三方公正有力的证据，使得事实真相扑朔迷离，最终陷入无休止的争论与反复中。

人生就好像徘徊在生死之间的罗生门，怎么活着都行。没有哪种生活方式更好，没有哪种人更正确，也没有哪句话是真相。

早结婚有早结婚的道理，晚结婚有晚结婚的道理，不结婚也有不结婚的道理。

奋发向上有奋发向上的道理，及时行乐有及时行乐的道理。

孤独有孤独的道理，热闹有热闹的道理。

苏格拉底有苏格拉底的道理，猪也有猪的道理。

只要你能坚持把自己的道理活成真理。

最喜欢的一句话就是：食得咸鱼抵得渴。

你爱裙子，就忍受饿。你爱吃，就忍受胖。

你爱成功，就忍受辛苦。你爱闲淡，就忍受平常。

你爱一个不好的他，就忍受坏脾气、小性子、大男子主义。

你爱自由，就一个人坦坦荡荡。

多简单，有所渴望，有所担当。

领悟到这一点之后，人就会变得很有自知之明。

不再劝说别人走我认为正确的路。

不再轻易相信别人说的正确的路。

不再害怕别人否定我的路。

命运就是自己的选择

▼
▼

> 别想什么成功不成功，
> 也别想什么命运不命运，
> 这些词都太重了。

　　我和发小从上小学一年级就是同班同学，那时我是个成绩优异的骄傲货，没怎么注意过跟在我们后面跑着玩的她。上三年级时夏季的某天，我们狐朋狗友几个人放学后在学校后面的小树林里溜达，穿着凉鞋的我不小心踩到一大块玻璃上割破了脚，脚掌内侧的血即刻就喷出来，貌似是割断了某根血管，小伙伴们呆若木鸡，只有她当机立断背起我一路小跑送到医院里，我的血流了一路，把她裤子后面染红染透了。

　　经历了这件事的我们变成了情比金坚的好姐妹。

　　回想起来，我后来的童年岁月里处处有她，一起写作业，一起听磁带抄歌词，下课一起玩跳皮筋，六一儿童节我们一起准备表演，《知心爱人》是我们俩的保留节目，我唱男声，她唱女声。

　　这种情形一直持续到小学毕业。

　　小学毕业的那个夏天，三舅跟我妈说想送我表哥去市里读寄宿初中，我妈问我愿不愿意一起去考一下，我说愿意，想去，特别想去，想去外面看看。十多年前的农村不像现在，私家车多得逢年过节还堵车，家家户户都是二层小楼，人们看起来都很机灵。过去我们村是贫穷落后闭塞的，人们一年到头去不了几回城里。去城市里读书，意味着可以获得比当地好不知道多少倍的教育资源，也意味着进入一个完全陌生的世界。

　　我妈就想着让我这个发小跟我一起去。

　　发小她家里的经济条件比我家要好，她爸头脑特别灵光，长期在捣鼓些生意，是有条件送孩子出去念书的。

　　可是发小跟家里商量了很久，最后还是决定不去了。

　　当然不是经济方面的问题，她妈妈觉得她照顾不好自己，担心她到了外面受委屈，她也觉得出去上学压力太大了，那就算了吧。

　　于是在十一岁那年，我只好一个人背起行囊奔赴城市求学去了。初入学，敏感自卑是少不了的，加上青春期本来就容易愤懑和忧伤，每每觉得艰难的时刻都会想，如果她当时跟我一起来，或许我就不会这么孤单了。

　　她那里完全是另外一番光景，小学毕业之后嘻嘻哈哈地跟一群小伙伴步入当地的初中，读了两年之后小伙伴们纷纷辍学，本来成绩就平平的她在学习上越发地没兴趣，中间辍学出去打了一段时间工，觉得太过辛苦，还是决定回来上学。她爸就把她转到县城读初三，县城初中的学习氛围不是小镇初中可比的，她应付不过来，学习很吃力，常常写信给我，说特别想我，特别想回到小时候。

　　我初中毕业后考入了本市最好的高中，读高中期间忽觉命运其实没给我什么好安排，必须奋力搏一把，于是开启了"六亲不认，万事不理"

的刻苦读书模式。

她在学习上慢慢地没了信心，后来放弃了中考，读了中专。

读高中的一段时间我们在同一个城市，大冬天她骑着自行车带着蛋糕来找我给我过生日，路途中摔了一跤，蛋糕摔成了烂糨糊，我们还是郑重地点了蜡烛唱了生日歌，许愿说期待将来可以变成很成功的人，发誓绝对不能回老家。

再后来我考去了北京读大学，我们的生活越来越没有交集，我怀着对未来的美好期待念书、实习、跑社团活动，没有意外的话毕业之后会成为一名都市白领，虽然普通，却总算有了从社会最底层爬向中产阶级的可能。

她中专毕业之后，谈了恋爱，对方是一个在初中时就追她的男生，在那男生读大二的时候，他们结婚了。她的人生却好像就从此停顿了，跟成千上万的城市打工者一样，在大城市的地下室居住，找一家小企业上班，没学历，没经验，随时可以被人替代，也随时可以辞职离开，年末带着工资回家，搓麻将，斗地主，聊聊家长里短。

我毕业考研，恋爱，去参加公益活动，在她看来是"越活越精彩"。

她生下一个女儿，现在带着女儿在老公读研究生的城市里陪读，每个月拿着三千块的工资，一家三口挤在合租房里，并不是不幸福，只是太辛苦。

有一次她来北京出差，早上六点多从秦皇岛坐火车进京，干完活我请她吃饭。所谓出差，只不过是丈量一个客户家里的窗户的尺寸而已，一套窗帘做下来，她可以拿到一百多块钱提成，也就是我们一起吃的那顿饭的钱而已，饭后她还要坐车赶回公司。

她在火车上发微信跟我说：我有一件事特别后悔。

时隔多年，她回想起当初我曾邀请她一起去市里读初中这件事，她说："我当初应该跟你一起走的。"

"如果当初把握住机会跟你一起走的话，可能我后来的人生就不会这样。"

好像就是从那一个点开始，命运悄悄发生了变化。

在那个点之前，我们形影不离，大到出身，小到穿衣打扮、兴趣爱好，全都相似。

在那个点之后，我们走上了完全不相交的两条路，渐行渐远。

如果她当初跟我一起走的话，我们可以一起做个伴，相互鼓励，我在青春期会少许多的孤独愤懑，过得更轻松一些，她可能也不会在朋友伙伴辍学之后无心上学，起码可以考个高中、普通大学，不必像现在一样找个工作因为学历不高处处被掣肘。

她说，这可能就是命。她已经认命了，已经没有任何自我实现的期待了，她现在唯一的指望就是老公可以赶紧毕业挣钱，把女儿好好养大，以后一定让女儿好好读书。

某天我跟朋友聊起来大张伟和薛之谦，她说，这两个人就好像是一夜爆红，随便打开一个综艺节目里面都有他们，跟电影的票房担当一样，有他们的节目就有意思，就有点击量。其实他们一直都是有意思的人啊，之前却黯淡过很长一段时间。

有的人也是各种条件都不错，但是没有遇到这个转弯，一路平平淡淡，就过去了，这个现象在娱乐圈最为明显，只有那些对他们有一点了解的人觉得可惜，怎么这么好就没被发现和红起来，后来，他们就被称为"遗珠"。

"命就像一条船，人人生来不同，有人是大船，有人是小船，你生下来是个什么样子的人，你出生在什么样的环境，这些都是初始条件。运就像载着船的水，有波浪起伏。船控制不了水，船很大也挡不住波浪凶，这是命好运不好。"

这番话让我想起了前面写的闺密的事。

她常常挂在嘴边的就是："我的命也就这样了，我命不好。"

命运这艘船，出生时父母决定你是什么型号，出生以后，自己掌握了管理权。

我们可以拿着锤子、凿子、斧头，勤修不辍地打造自己的船，让它在风浪来临时可以扛住，乘着风往更远的风景里航行。

运就像载着船的水，有波浪起伏，我们根本控制不了。

我们虽然不能改变水的流向，却可以选择水的流向。

太平洋里有多少洋流，表层与深层洋流的方向不同，表层洋流不同位置水的流向也不同。

我们一生当中遇到的每一个选择的关头，大的或者小的，都可以改变今后的走向，一个又一个正确的选择串联在一起，最终成为一生的好运势。

这就是人生的奇妙之处，有既定的，有能动的。

好命可以挥霍完，坏的也有可能修正好。

每当我想把生活中的失落全部归结于命和运时，就会想想跟我一起出发的人。

其实导致我们后来不同的原因，根本谈不上什么命该如此，不过是一次一次的选择而已。

所谓好运气，就是一个又一个对的选择连接在一起，当眼前有很多

条路的时候就去选择那个利益最大化的，当眼前只有一条路的时候就选择硬着头皮走下去，当眼前没有路的时候就选择一个乐观的态度，等待厄运碾压过去再站起来或者体面地死去。

我以前也曾以为，那些没有大红大紫的遗珠艺人，运气太差了，过得很惨吧。

等我认识了一些所谓的"六环艺人""十八线网红"之后，才了解到，并非当红才有饭吃，小场子就需要小艺人，他们也在各种商演之间奔波，并且寻找机会出唱片、上节目，或者转换行业。

其实我们大部分人的命运不算好也不算坏。

没有好得可以中"卵巢彩票"，一落地就踏上成功人生。

也没有出生在旧社会大山，不爱子女的糟糕家庭里。

会面临许多艰难和不公，也曾眼红过许多才华和幸运。

但只要选择勇敢，选择向前，选择勤奋，那么生活始终有变得更好的可能。

少吃一点，减减肥，更漂亮。

多读点书，动动脑，更聪明。

大概天无绝人之路的意思是，并不是每个人都有一条路通向巅峰，而是每个人的脚下都有台阶，没有谁会被困在原地，只要你愿意选择向前。

别想什么成功不成功，也别想什么命运不命运，这些词都太重了。

就专注此刻的生活，就看重每一次选择。

干货篇

▼
▼

真正改变人生的
是这几个小时

　　我以前的公众号叫作"凌晨四点的"（现在公众号已改为"逆刘而上"），名字来源于 NBA 励志短片《你究竟有多想成功》中科比那句鸡汤：你见过凌晨四点的洛杉矶吗？这句话后来被怀疑并非科比所说，但是我仍然很喜欢。

　　因为真的很喜欢早起看到的世界。

　　那时候所有人都在安睡，静悄悄的，仿佛能听到时间的走动声，嘀嘀嗒嗒。窗外的北京一点点由暗到明，埋首案头的人却没有发现，肚子开始有点饿的时候是七点多，短暂而快速地吃点东西，拉开窗帘，是一个明亮的早晨。

　　你已经准备好了开始这一天。

　　你把握住了时间，你也把握住了自己。

　　所以一点也不焦虑，信心满满。

以前听人说，下班后两小时，决定你会成为一个怎样的人。

其实，早晨的时间比晚上的时间效率更高，更宝贵。

白天要上课、学习、工作，要和人交往，能量消耗严重，就好比手机就算不打电话，后台运行的程序也会让电量流失，只要醒着，就无法阻止脑子思考，晚上必定不是精力最好的时候。

晚上还会有聚会，有电话或者微信进来，室友还会想要跟你聊几句，而早起时，不仅比晚上精力好，更重要的是，早起后的时间，是几乎不会被打扰的整段时间。

很多人都有到了晚上反而更精神、工作效率更高的幻觉，原因可能有下面三个：

第一，生物钟。已经习惯了把晚上当作工作时间。

第二，白天效率太低，对比之下，在安静的夜晚反而专注度比较高。

第三，晚上心态也更加轻松、自由。

但这并不是最佳方案，长期下去身体也吃不消，熬夜者容易精神萎靡、意志不振。

一个人常年坚持早起三小时，凌晨五点起床，与一个人常年晚睡三小时，深夜两点睡觉，效果是天差地远的。

早起其实一点也不难。

只是务必想清楚：到底是为什么早起的？你对早起是否有足够的渴望？是否产生过晚睡贪玩的念头？这份渴望比睡懒觉还要强烈吗？

我在读高中的时候，几乎是整栋宿舍楼起床最早的女孩，但我一点也不觉得辛苦或者困难，因为我终于有了一个实现梦想的机会，所以无比珍惜它。

你可能会说，最近长痘痘了，必须调整作息来消灭痘痘。

你可能会说，就是想拥有一个新的开始，所以决定早起。

这些都不够。

如果只是模糊地觉得应该要早起，就想对抗自己多年以来晚睡的恶习，显然是比较无力的。

找到早起的真正动力，那应该跟你最渴望实现的梦想有关。然后，明明白白地写在墙上。

晚起的原因是晚睡，一般早点睡，起床就不会这么痛苦，便很容易养成早起的习惯。

所以，对于这个问题，需要重点解决的是晚睡问题。

晚睡的原因又是什么？

拿出一张纸来，列举自己晚睡的原因。

每个人晚睡的原因都不一样，如果我们可以找到晚睡的原因，然后消灭这些原因，就能解决晚睡的问题。

按照我的观察，晚睡的主要原因有下面几种：

第一，不敢睡觉。

许多人都是害怕睡觉的。

从醒着到闭上眼睛睡觉，意味着跟这个热闹的世界说拜拜，意味着切断跟一切的联系，灯光暗，声音息，去面对那个黑暗中无聊的、孤独的自己。

也意味着要结束夜深人静的自由时间，一觉睡下去，就要重新面对充满挑战的喧闹世界。

所以，不敢睡觉。

当你熬夜的时候，有两个选择。

一个选择就是继续漫无目的地玩电脑、看手机、晃来晃去，另外一个选择是结束这一切进入黑暗里。

前一个选择肯定比后一个选择更容易。

第二，总觉得自己有事情没做完，焦虑。

你是否总有这样的情况，到了睡前才发现，还有许多事情没有做，或者，忽然发现自己有很多事情想要做？

我曾经的室友就是这样，她白天跟我们一起吃饭、学习，上课忍不住玩手机、闲聊，睡前总是忽然雄心大起、梦想苏醒、一脸斗志，坚持着不肯上床睡觉。我们都洗漱好上床之后，她还要坚持在灯下看书，可是，越拖着不睡效率越低。她总是把自己弄得很疲惫，却什么都做不好。

她自己也很痛苦。她说，自己的拖延症太严重，白天管不住自己玩，眼看着到了睡觉时间却什么都没做完，睡觉吧，又不甘心。

毫不犹豫地把白天时间都挥霍了，夜深人静时叩问心灵，才觉得自己不够努力，反而觉得睡觉太浪费时间。

为什么总是这样，只有到了睡觉时，才想起来珍惜时间这件事？

改善晚睡这个不良习惯，不是在社交网站上发个状态"不要晚睡"表表决心就能解决的。

我们从原因出发，采取以下的方法。

第一，给自己一个入睡过渡期。

睡觉前，不要看太刺激的东西，不要玩太紧张的游戏。

有些妹子睡前喜欢看韩剧，经常看哭，哭得稀里哗啦的，这样很难入眠。更过分的是看鬼片，越可怕的越觉得刺激，关了机一般都无法直接睡觉,还得回味一会儿或者平复情绪。

我们在看片这件事情上花费的不只是进度条上显示的时间,还包括抽离情绪的时间。

记得是俞敏洪还是哪个成功人士来着,说自己晚上睡前是不洗澡的,因为洗澡容易把自己整得更清醒,也是这个道理。在睡前要准备好平静的情绪,如果不能,就做一点事情在醒和睡之间过渡,睡觉和醒着玩相比,差距太大,但是醒着玩电脑和闭着眼睛听广播之间的心理差距就比较小。我开始独居的最初几个月,养成了躺着看手机的毛病,总不想闭眼,后来就转变成听郭德纲的单口相声,设定二十分钟后自动关闭,经常听个五分钟就睡着了。

顺便说一句,如果玩得太过高兴,以至根本不想停下来去学习和工作,也可以采取过渡的方式。例如,我如果看剧看得过于投入,到该学习的时候就会去玩几分钟无聊的游戏,降低娱乐程度,以达到"不痛苦"地去学习的效果。

第二,绝对不把晚上当作最重要的工作时间。

我的朋友 S,毕业之后仿佛是被谁打了一顿一样,身材迅速臃肿起来,脸部也日益沧桑。他经常熬夜,甚至会熬通宵,刚开始我以为是他的工作量太大了,没办法,后来才发现,不只是工作辛苦的问题。

S 有一个恶习,喜欢一觉睡到上午十一点,起床吃个饭,下午才开始工作。可坐在电脑前精神无法集中,一会儿刷朋友圈,一会儿打《炉石传说》,总之效率极低,一直这样拖到晚上不得不开始工作为止,毕竟第二天要向领导汇报。

可是玩了一下午,已经精力不济,刚工作一会儿就犯困了,于是设个闹钟,先睡到半夜两点,起床再继续工作到第二天早上。

他觉得自己特别努力，确实，看上去也是特别努力，每天都蓬头垢面、少吃少眠。但是，有时候我们很努力，是因为没有能力。

没有能力把自己的时间安排好，没有能力控制自己的行为，所以才把自己推到了废寝忘食的境地。

我后来了解到 S 的心理，他之所以敢在白天心不在焉地玩，是因为他潜意识里总有一种错觉，认为晚上的时间是"无穷"的，无论如何都是绝对可以做完工作的。如果拖到晚上八点，那就工作到十一点嘛。如果拖到十点呢？好像也来得及，一点睡觉也还行。结果一拖拖到半夜十二点，拖到自己犯困。

所有的工作，都要尽量在白天完成，晚上的时间并没有想象的那么多，吃个饭回到家已经七点半，到十一点半也就四个小时而已，还要洗澡吹头发，别提是不是还会有其他的事情。

得对晚上的时间心里有数，找一个时间作为睡觉截止点，不管发生什么，都务必保证在这个点睡觉，除非工作不做第二天会被开除。

长期坚持就会形成一种固定的思维习惯："我的一天会在十一点结束，所以一定要珍惜白天的时间，更要珍惜晚上的时间，不要把晚上当作无休止的放纵时间，更不要把晚上当作主要的工作时间。"

第三，前一天无论多晚睡，第二天都要按时起。

只有体会到晚睡早起的痛苦，只有这种痛苦超过了头一天晚上熬夜的欢愉，才能更好地逼自己早点睡觉。

工作后的我，深切地感受到了这一点，并且觉得这个技巧十分实用，现在我再也不会为了玩手机获得的那些小快乐延迟睡觉了，晚上只要时钟一过十二点，我仿佛都能感受到第二天起床的痛苦，那种昏昏沉沉的难受。

这个技巧对大学生来说十分好用，给自己一个起床时间，找人一起打卡，或者找另外的什么非起不可的理由，逼自己早点睡觉。

第四，认真规划一天的行程，给结束一个仪式。

洗完澡之后，掏出自己的日记本，把今天做的事情都打对勾，然后给自己画一个笑脸，以满意的评价，结束完美的一天，然后心满意足地睡觉去。

如果有未完成的事情，就把它们挪到第二天的计划中，一项一项地处理完毕，就好像电脑一样，我们不能在有多个程序运行的时候，强行关机，得把这些程序一个一个都关闭，才好睡觉。

然后再做一个简单的 to do list（待办事项清单），头一天晚上把第二天大概计划一下，列举一下要做的事情就好了。

这是一个仪式，告诉我们今天结束了，可以毫无挂念地去睡觉了。

有些人喜欢在记录和计划上花太多的时间，然而过度计划本身就是浪费时间的行为，真正好的状态是这样的：看过一些相关的书，知道一些对的时间管理原则，根据自身的特点找出比较高效的行为习惯。

我上高三时曾遇到过一个学习效率非常高的同学，他甚至没有什么时间管理的方法，也不去计划时间的使用，他只是太清楚自己需要做什么事情了。每天骑车来学校，把书包一放坐到座位上，就开始全神贯注地低头猛学，中途会站起来让眼睛休息一下，周末则会花点时间去锻炼。

如果一个人真的有很多重要的事情去做，如果一个人真的知道自己应该做什么，大致地规划一下就能够专心致志地投入其中，根本不用花太多时间去精心计划。

第五，晚上不要吃太多。

有一阵子我迷恋吃夜宵，晚上过了十点就觉得饿。

首先，消化需要时间，这就直接推迟了睡眠时间。太饱不能直接睡，这是我们都有的意识，太饱了躺着也不好睡着。

其次，即便是睡着了，肠胃好像也在加班加点地工作，第二天起床会觉得尤其饿。这会降低睡眠质量。

当我了解到这些影响之后，就停止了吃夜宵的行为，实在饿，就吃几粒干果。

也有人晚睡是因为居住环境太吵，或室友不肯关灯等，每一种都有解决的方法，关键是看你对早睡这件事情有多看重。

晚睡的问题解决之后，早起就顺理成章了。

早睡就不要晚起了，睡太多会变傻。

早起的工作效率特别高，因为我们知道，这是牺牲睡眠换来的时间。

为了增加早起的动力，我会在早起时安排一点喜欢的事情。有一段时间，我非常热爱遛狗，每天都抽出十分钟时间来遛狗，伸展肢体。还有一阵子，我很喜欢用电动牙刷刷牙，一想到第二天要用电动牙刷刷牙，早起就变得幸福了起来。

不要设置无休无止的闹铃，十分钟一响，响起来没完没了，这也是拖延症的表现，我们从来不会按照最早一道闹钟的时间起床。

不要给自己留那么多的余地，就两道闹钟，一道轻柔，用来唤醒；一道激烈，用来起床。

早起那几个小时，是可以用来改变人生的时间。

我们的精力容易被眼下那些紧迫、琐碎的事情占据——缴电话费，或者回复同学的短信。

实现梦想，是一个巨大而遥远的工程，不是一朝一夕能够完成的事情，所以会被无限地推延，真正对人生有重要影响的事情，反而没有被分配到更多的时间。

早上的时间，简直是造物主的恩赐，这是一段跟现实无关的时间，在他人沉睡时静悄悄地起床，这一段时间，最适合去为自己的珍贵梦想做努力，在每一个早晨，都离它更近一点。

我早起时最喜欢阅读，因为我始终有一个写作的梦想，而阅读是一种必要的输入。

当这个世界逐渐喧闹起来的时候，可以从容地收起自己的书，吃一顿简单的早餐，跟别人一样，穿戴整齐，然后出门，投入现实的忙碌中去。

别人还在沉睡的时候，你就出发吧

大学毕业的时候，我特别狼狈，每天穿着廉价正装四处面试，哆哆嗦嗦地化一个勉强能看的妆，然后被各种风格的面试官花样虐。有一个面试官从看我第一眼开始就想杀我，我说什么他反驳什么，据说这叫压力面试。

他问我："你的缺点是什么？"

据说这种题目的回答技巧就是不能说自己太严重的缺点，你可以说，你的缺点是太较真，不能说你的缺点是不认真。

我斟酌一下，说："我的缺点就是太较真了。"

结果面试官说："你的缺点就是不诚恳。"

我："……"

没有踏入社会的时候，我总认为一切都还是有可能的，总认为自己很特别，野心勃勃且一厢情愿地认为自己将来一定前程似锦，充满了征服世界的信心。

毕业的那一刻我们像还不成熟就要被收割的麦田，慌慌张张、狼狈不堪。

朋友中有的为了户口要去做一份无聊的工作，想要高薪的就去忙碌的工作上拼命，更多的人是茫然，根本没有挑选的机会，终于等到一个不算太差的机会，那就去吧。

如意的人很少，大家都会慢慢地发现自己其实很平常，梦想太遥远了，能够把自己养得体体面面已经是很勉强的事情，如果有一份喜爱的工作且收入不错，可以被认为是幸运的。

就在我看到周围同学的归宿有点灰心的时候，我认识了朋友 W。

W 这个人呢，从长相上来看不爱说话，从说话上来看真是人不可貌相。同是毕业生，他在 9 月份就已经拿到全球最牛投行之一的 offer（录取通知），正在准备去日本的毕业旅行。给他 offer 的那家公司在一般同学看来是类似神话般的存在，向来只招清华北大及海外名校的俊男靓女，且需有背景有资源。我们学校的毕业生进入的概率极小，只听说谁去了，但是大家都没见到过。

我向 W 取经。

他特别谦虚地笑："没什么好说的啊，我之前在中金都实习两年多了。"

我说："那你从大二开始就在中金实习啊？中金怎么要大二的学生呢？"

他说："其实从一进大学开始，我就很想去中金工作。我们院有老师认识中金的人，我上他课的时候特别认真，下课还经常找机会跟他交流，慢慢地关系就还不错。后来我就请他推荐我去中金实习，告诉他可以不要钱的，就当学习学习。对他来说就是一句话的事嘛，他就给我推荐了一下，刚到那里的时候也就是打印、装订、取快递，甚至倒水什么的。"

由于是在自己热爱的行业里，同事叫他干什么他都觉得特幸福，一个勤快又热情的小伙子是很容易招来好感的，慢慢地跟办公室的各位前辈就好了起来，开始帮着给材料调格式、找错误，跟着前辈去见见客户。暑假实习结束后，他寒假时跟前辈说了一声，就又去帮忙了。就这样到了大四，他对业务越来越熟悉，跟着项目在全国飞来飞去。

在这期间，他还考了 CPA，在这个行业里考了 CPA 就更有竞争优势了。

毕业之际，中金果然给他发了 offer，毕竟是一个用了两年的人，顺理成章就留下了。同时他也试着投了一下比中金更牛的国外投行，居然也惊喜地收到了 offer。

我很羡慕地说："那你英语一定得特别好吧，这家公司从网申到面试应该都是用英语。"

英语是让我一直很头痛的事情，我小学的英语是初中生教的，从初中开始英语就从来没跟上过，到了高中奋发图强、拼命自学也只是突破了应试，可以考个不错的分数，但是嘴都张不开。雀巢电话面试我的时候就是用英语，每一句我都用"pardon（请再说一遍）？"回答。

他说："我英语之前很一般的，是到了中金实习后发现同事里好多都是海归，英语特棒，感觉到自己跟他们的差距，所以就边工作边学习，学了很多工作环境中要用的单词、语句，所以应付面试没问题。"

从头到尾他说得都很轻松，整个人散发着一种从容淡定的气息，显得他格外自信和有魅力。这轻松背后是他锁定长远目标的眼光和决心，努力接近目标的长期潜伏，以及专注。

我说："就算中金不要你，你在这行也不愁没一份好工作。"

跟他分开之后回到家，我就把这件事写在了笔记本上（我有一个本子，每次碰到什么值得学习的事情都会写在上面）。

市面上随便一本成功学的书，里面都有定目标、做准备这些内容，但当这种案例发生在身边的时候，才能感受到它的奇效。

其实我们大部分人从一进入大学就知道自己将来是要找一份工作的，

不是吗？

我们都为找一份工作做了什么准备呢？我们会提前打印好简历，去搜索一下笔试面试的问题，请教一下师兄师姐找工作的经验，好一点的会提前考个证书。

他却为此准备了四年。

我们这里每天喊着不知道将来想干什么，他却上课认真做笔记想表现优异以接近老师。

我们这里迷茫完了去看小说、打游戏、泡吧、聚会，他那边寒暑假不回家在理想的公司实习。

我们这里到了大三想想算了考研去吧，他大三的时候已经像一个正式员工一样工作了。

我们这里毕业时只有被动挨打的份儿，他毫无意外地到达理想之地。

你像一条没方向的鱼，随波逐流。他是一支离弦的箭，直奔目标。

他不赢才怪。

一个人能够定了目标之后悄悄干四年，还有什么做不成呢？

如果你有为一件事情蛰伏四年的耐心，又有什么不敢想呢？

这大概就是成功的捷径吧，提前用几倍的时间为未来准备，当别人还在四处溜达东看看西看看的时候，你已经开始千方百计地绕过障碍、排除诱惑捕捉机会了，这不是捷径是什么？

很多人都说自己很迷茫，无论你迷不迷茫、高不高兴，我们所有人都在同一个跑道上，枪响起跑。四年结束，无论你在过去积累了什么，也无论你是否已经准备好，我们都是用同一个标准被社会筛选，往上的人往上，向下的人向下。

还没准备好就毕业了，还没准备好就结婚了，还没准备好就老了。这样的人生，跟一只被驱赶的羊有什么区别？

定目标，悄悄干。

当别人还在沉睡的时候，你就出发吧；当别人还在挣扎的时候，你就到达吧。

写给四十岁的自己：
但求人生快意

四十岁的刘媛媛你好。

当你翻开这本书的时候，你可能觉得过去的自己幼稚、矫情，可以直接去掉"可能"两个字，据我对你这个人的了解，你每每成长一点，都会觉得过去的自己愚不可及。

你可能觉得现在的我喜欢的想要的都是错的。这并不重要。

小时候的我曾在日记本上写自己多么喜欢隔壁班上吹长笛的男孩子，现在的我觉得他看起来那么丑，一点魅力也无。

他怎么样并不重要，喜欢这件事一点错都没有。

我还是希望你不要嫌弃这本书，不要嫌弃过去的自己，十几岁时的忧伤，二十几岁时的迷茫，都是真的。四十五度逆光仰望时掉的泪，与深夜加完班坐地铁回家感受到的空虚，都是真的。用现在的你的经验去审判过去的自己，这并不公平。

十一岁左右，你离开家乡开始外地寄宿的初中生活，不好好学习，在希望杯数学课上偷看了六部《哈利·波特》，越发想要冲破樊笼，但不知樊笼在哪里。

十五岁时，稀里糊涂地考上了全市最好的高中，浑浑噩噩。一朝得醒，差生逆袭，高二时考到了第一个年级第一名，信心百倍，更觉自己无所不能，立志当一个顶天立地的大英雄。

十七岁时，被对外经贸大学录取，父母送你去上学，逛一遍北京城，感慨北京之大，名胜之多，意气风发，野心勃勃，可一入学就傻眼了，从学校的东门可以一眼望到西门，校园小得可怜。

后来才知道北京学校都这样，于是热热闹闹地开始了大学生活，在图书馆报告厅听唐骏的讲座，参加学生社团外联部，去菜市场买来一套廉价的正装，穿上去装模作样地跟部长到学校附近的火锅店谈赞助，好说歹说对方终于同意给两千块，提出要求要我们去寝室发放两千份传单。大一国庆时购买了人生中第一台电脑，因为英语课老师要求做 presentation——对外经贸大学被称为"CPU 大学"，University of Crazy Presentations。那时候没想到，工作后用到的最重要的技能之一就是做 PPT。

十八岁时，上大二，学校发通知说党员和班干部必须参加 60 周年国庆群众方阵游行，于是两千多人暑假不回家，打扮成生态环保工人，在学校操场上练习挥舞扇子。夜里十二点去长安街彩排，等待时间窝在天安门附近的小胡同里玩杀人游戏，隔壁排的男孩子长相白净，你总凑过去跟他讲话，明目张胆地表现喜欢，结果吓到他。

二十岁时，大三期间，略迷茫，不知道将来做什么好。你在微博上写了这样的句子：恨不得捧着我一寸一寸的青春岁月细细亲吻，这一段好光阴，怎么活都是浪费。你甚至还写信给高中的老师，问他，在年轻的时候做过的事情里，哪一件让他从未后悔过。

他说，并没有。

无论是放纵自己恋爱游乐，还是埋首案头努力拼搏，都有些配不上青春二字。它只有一次，绝不回头。每个人只能眼睁睁地看着自己逐步失去它，曾平整的皮肤变得褶皱，曾矫健的身躯变得佝偻。最后我们都会习惯失去年轻，会把"老了"这种话常挂在嘴边，带着点羡慕年轻甚至嫉妒年轻的意味。

你真的很恐慌。

二十一岁，大学毕业，四处面试。

面试跟相亲一样，像货品被来回挑拣，第一次面试还有点紧张，到后来就麻木了。最后找到一份外企工作，在公司人力资源部门接电话，负责报销医疗费用，今天 A 同事家的孩子被狗咬了，后天 B 同事家的孩子被狗咬了，天天跟公司员工打嘴炮，已经无法学到新东西，你暗暗告诉自己，没意义，要改变。

二十三岁，考了北大法硕，听了许多名师大家的课，见识了许多学识渊博的同学，在百年讲堂看过许多话剧和电影，也圆了去北大图书馆借书自习的梦，最重要的是，获得了一种不停止学习的态度。其间还折腾去参加演讲比赛，也接触了一些不同类型的电视节目，有得到，有失去，但是始终向前。

二十五岁，研究生毕业，朋友圈里转发名牌大学毕业生的失意文章，好友纷纷表示被戳中，你无动于衷。你买不起房，你也觉得自己很平庸，从楼下房产中介经过时，一眼看到自己居住的小区房价已经涨到了七八万每平方米，父母比你还害怕房价，你也担心自己的努力赶不上父母老去的速度。

但是，想那么多根本没有用，在什么都没有的年纪，并没有太多选择的余地，只需低头进步，凶猛学习。

现实再难，梦想再远，也不妨碍你有一双肯迈步的脚，一步步接近自己的目标。有时候你会想，干脆放弃好了，坐下来，躺在地上，就被琐碎的平凡淹没，就向生活投降从此轻省地活着，就成为一个自己不想要成为的人好了。

后来呢？后来时常觉得感激自己，在每次动这样的念头时，并没有这样做。

多谢你"目中无人"的性子，能够专注自己的生活；多谢你是一个"盲目乐观"的人，在每一个本应滑落向平庸的时刻都没有灰心丧气停止努力；多谢你是一个不够理想的理想主义者，有着一个不大不小的追求，你知道自己来到这世间，到底是为了做什么。

四十岁的你是什么样子？在哪里？做什么事情？身边都有谁？

还记得那首《给十年后的我》吗？曾在你的歌单里循环过很多次。

> 这十年来做过的事 / 能令你无悔骄傲吗
> 那时候你所相信的事 / 没有被动摇吧
> 对象和缘分已出现 / 成就也还算不赖吗
> 旅途上你增添了经历 / 又有让棱角
> 消失吗 / 软弱吗 /
> 你成熟了 / 不会失去格调吧

当初坚持还在吗

刀锋不会磨钝了吧

老练吗 /

你情愿变得聪明而不冲动吗

但变成步步停下三思

会累吗 / 快乐吗 /

你还是记得你跟我约定吧

区区几场成败里 / 应该不致麻木了吧

快乐吗

你忘掉理想 / 只能忙于生活吗

别太迟 / 又十年后至想

快乐吗

这些问题问问四十岁的你，答案又是什么？

生命就如流星，并不为了完成什么而存在，唯一确定的就是坠落，坠落。

自己就是自己的愿望，自己得负责自己的路途和归宿。

为了防止下坠时产生绝望，就必须在过程中专注绽放，顺其自然而又努力热烈地绽放，每一秒看前一秒的自己，觉得漂亮又热烈。

不怕错，就怕什么都不做，宁肯傻得发狂，也不小心翼翼地聪明，吃饭要吃辣，做人要有胆。

四十岁的刘嫒嫒：

你会经历许多日出日落，四季变换，风霜会不经意落满你的脸庞。

你会遇到许多重要的事，亲人和朋友可能会离开你，岁月可能会辜负你的努力。

我愿你——

愿你那时无论是不是别人眼中"有出息"的人，都要善待爸妈，善待朋友，善待自己周围的人，认真去做每一件你应该做的事情，无名一生，也要做个善良孝顺的好人。

愿你仍然充满了好奇，一旦发现喜欢做的事情仍可献身。只要活着就没有什么早晚，生前是早，死后是晚，什么时候开始都来得及。

愿你无论看过了多少易变的人心，被多少人欺负欺骗，都能忽略他们，忘掉他们，一切都会被宇宙洪荒吞没，你要一直跟相爱的人牵着手，不要花费哪怕一丁点时间去恨别人。

愿你无论是否孤身一人，都能够好好照顾自己，认真地吃饭，收拾房间，看电影，读书，专注地工作。你是一个值得被爱的人，越年长，越要肯定。

愿你还在孜孜不倦地想要变得更漂亮，没有因为脸上增加的皱纹或者成为谁的母亲就放弃外表美，更没有因为买菜、做饭、装修房子这种事情，就不给自己买新衣裳穿。

愿你在遭遇病痛的时候，仍疯狂地贪恋生。一个人要是不怕死了，活着就不使劲了。愿你每一分钟，都用十分的力气活着，筋疲力尽，酣畅淋漓。

我有许多愿望，最大的不过是愿你快活，不必自恃成熟，不必假装深刻，去享受龇牙咧嘴的努力，去体会栽花种柳的诗意，去大醉一场然后大笑三声，去痛骂也去赞颂。

年华换酒，长衣带风，嘿嘿嘿，呵呵呵。

确实只是沧海一粟，一粟也可活波澜壮阔的一生。

愿你的故事，结局收场在一片繁花里。

一点遗憾也没有，一点憋屈也没有，故事结束前的每一个情节，你都喜欢。

图书在版编目（CIP）数据

逆流而上：刘媛媛的成长课 / 刘媛媛著 . -- 长沙：湖南文艺出版社，2020.9
ISBN 978-7-5404-9736-1

Ⅰ . ①逆… Ⅱ . ①刘… Ⅲ . ①成功心理—青年读物
Ⅳ . ① B848.4-49

中国版本图书馆 CIP 数据核字（2020）第 116176 号

上架建议：畅销·成功励志

NILIUERSHANG：LIU YUANYUAN DE CHENGZHANG KE
逆流而上：刘媛媛的成长课

作　　者：刘媛媛
出 版 人：曾赛丰
责任编辑：丁丽丹
监　　制：毛闽峰　李　娜
特约策划：由　宾　李　颖　陈　鹏
特约编辑：周子琦
营销编辑：焦亚楠　刘　珣
封面设计：利　锐
版式设计：潘雪琴
出　　版：湖南文艺出版社
　　　　　（长沙市雨花区东二环一段 508 号　邮编：410014）
网　　址：www.hnwy.net
印　　刷：三河市天润建兴印务有限公司
经　　销：新华书店
开　　本：875mm×1230mm　1/32
字　　数：236 千字
印　　张：9.5
版　　次：2020 年 9 月第 1 版
印　　次：2020 年 9 月第 1 次印刷
书　　号：ISBN 978-7-5404-9736-1
定　　价：48.00 元

若有质量问题，请致电质量监督电话：010-59096394
团购电话：010-59320018